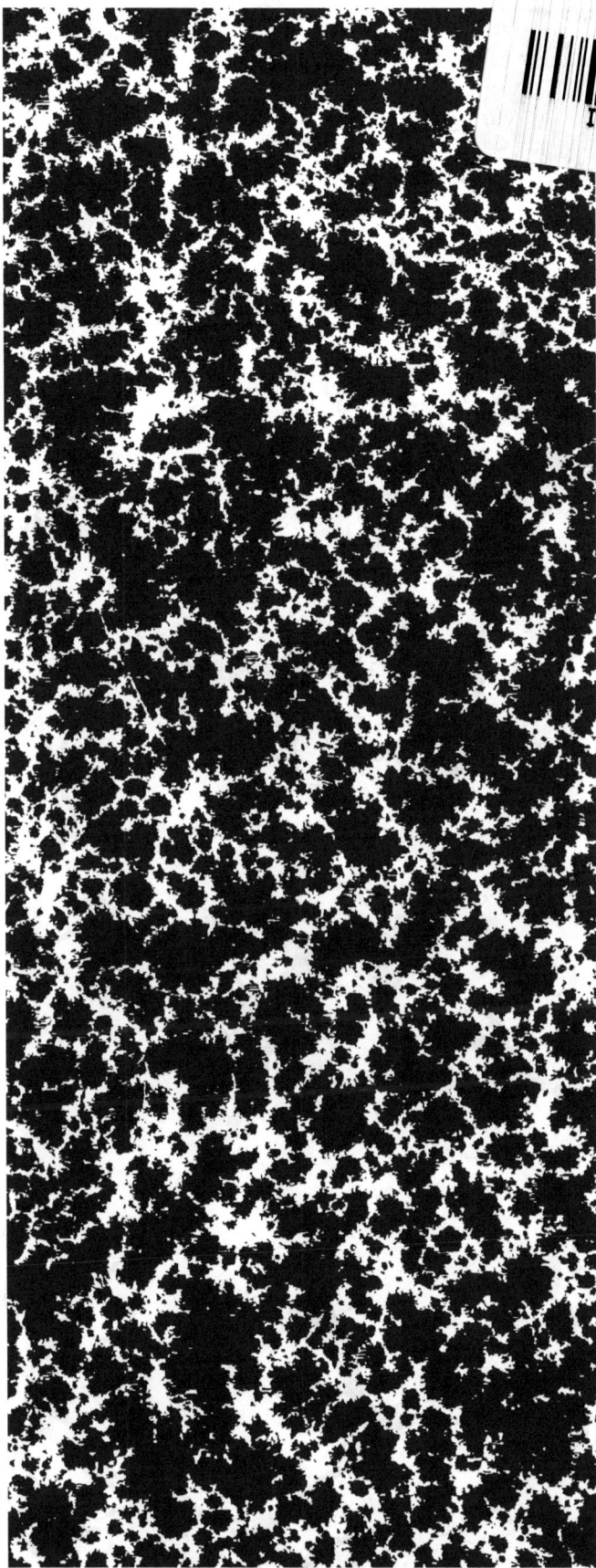

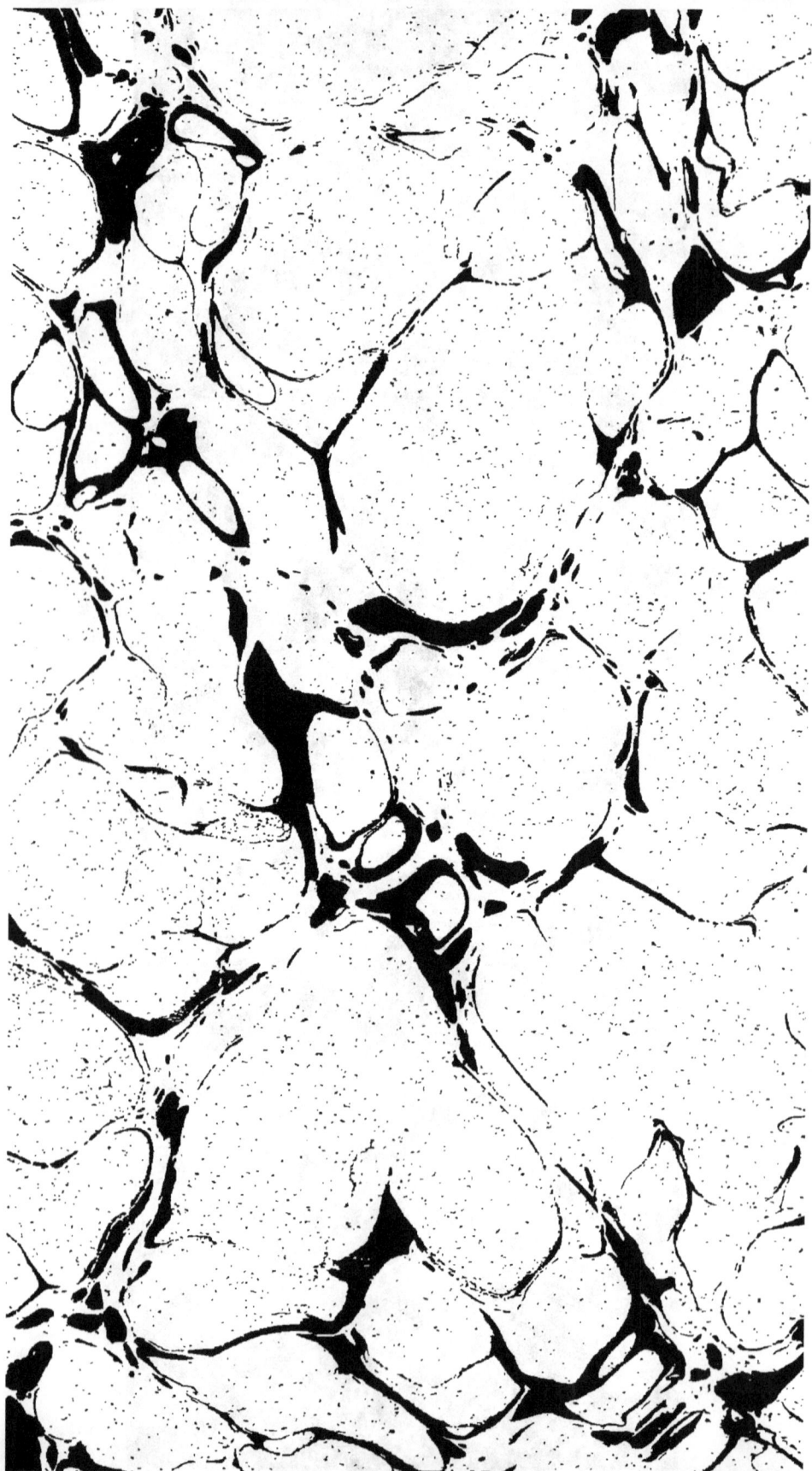

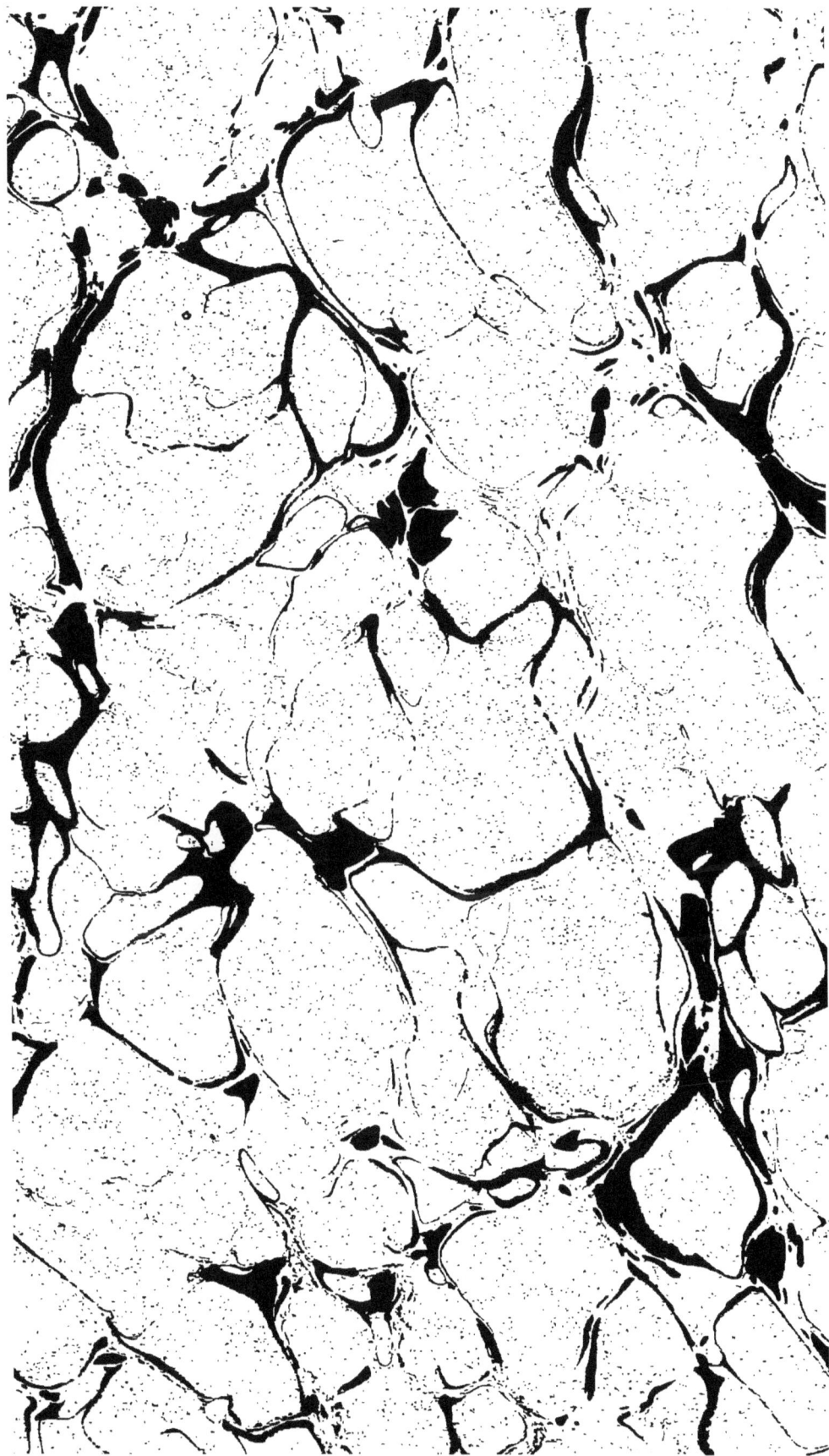

COLLECTION AMYOT

LES

CHIENS DE CHASSE

PAR

M. PONSON DU TERRAIL

PARIS

AMYOT, LIBRAIRE-ÉDITEUR

LES

CHIENS DE CHASSE

LES

CHIENS DE CHASSE

RÉCITS D'AUTOMNE

PAR

M. A. DE PONSON DU TERRAIL

PARIS

F. AMYOT, LIBRAIRE-ÉDITEUR

8, RUE DE LA PAIX, 8

—

1863

A M. LÉON

PROFESSEUR DE DRESSAGE ET D'ATTELAGE

———

Mon cher Maître,

A vous, qui connaissez si bien les chiens et les chevaux, la dédicace de ce livre, comme un témoignage d'amitié d'un de vos élèves.

A. DE PONSON DU TERRAIL.

LE CHIEN D'ARRÊT

I

Supposons-nous en Sologne.

La Sologne, ami lecteur, c'est le pays enchanté que rêvent les fils de Saint-Hubert. Les agronomes vous diront que le sol en est sablonneux, aride, ingrat au travail.

1

Les peintres hausseront les épaules parce qu'ils n'y trouveront ni collines, ni vallées, ni rien de ce qu'on est convenu d'appeler pittoresque.

Les médecins prétendront que c'est une terre malsaine, fiévreuse, semée d'étangs funestes et coupée de cours d'eau morbides.

Ne les croyez point, chers lecteurs.

Tous ces gens-là ont été corrompus par les bourgeois d'Orléans qui se sont bâti des maisons de plaisance sur un quart d'arpent de terre, aux bords du Loiret.

Si vous êtes de la noble confrérie de Saint-Hubert, si vous avez lu Gaston Phœbus, si vous avez jamais embouché une bonne trompe bien sonore, si la voix d'une belle meute admirablement gorgée a retenti parfois dans votre oreille et a fait battre votre poitrine d'une indicible émotion, allez en Sologne!

Donc, supposons-nous dans ce mélancolique et beau pays.

Voyez-vous, là-bas, à travers les sapins, ce joli castel en briques rouges?

C'est la demeure d'un vrai chasseur.

Il a une meute de cinquante têtes, de braves chiens qui attaquent indifféremment le sanglier et le chevreuil, le loup et le cerf, le renard et le lièvre.

Le chenil est grand, jonché de paille toujours fraîche.

Les chiens y sont nourris au cheval, — une nourriture non moins économique qu'excellente.

Le soir vient, la meute couplée est ramenée au chenil. On lui donne son unique repas, assaisonné par-ci par-là de coups de fouet; puis les portes du chenil se referment, sans qu'aucune des vaillantes bêtes ait eu un regard ou une caresse du maître.

Mais levez les yeux!

Voyez-vous, couché sur le perron, ce bel animal au poil soyeux et long, à la robe noire, semée de taches de feu, qui remue doucement la queue en voyant le châtelain descendre de cheval?

C'est l'épagneul, le chien d'arrêt.

Il boude, car on a chassé sans lui, et il attend son maître au lieu d'aller à sa rencontre.

Mais la bouderie du chien d'arrêt ressemble à celle d'un enfant gâté : il murmure pour être caressé.

Aussi, sur un mot affectueux, sur un signe, il se
lève, hurle, bondit, pose ses deux larges pattes sur
les épaules de son maître, et lui témoigne bruyam-
ment sa joie de le revoir.

Il suit le châtelain au salon; les valets ne le ru-
doient point. L'heure du souper arrive; Stopp pose
son menton sur la cuisse de son maître, et parfois,
levant une patte, il frappe un petit coup et demande
un morceau de pain, un os, voire même une frian-
dise.

Cependant, Royale, Fanfare, Lumino, Ramoneau,
Tayaut et tous ceux qui hurlent maintenant au chenil ont bien fait leur devoir, ma foi! Ils ont forcé un
solitaire, ils ont pris un lièvre en une heure et demie.

Stopp, lui, est demeuré au logis, couché sur une
peau de loup, dans la chambre de *madame*, comme
un oisif, comme un paresseux.

Pourquoi donc tant de caresses pour lui tout seul?

Il y a parmi les enfants de Saint-Hubert une légende populaire que voici:

Dieu venait de créer le monde.

Adam sortait du limon, les animaux s'agitaient sur la terre, les oiseaux fendaient l'air.

Le premier homme, assis à l'ombre d'un arbre, contemplait avec surprise cette création dont il était le roi, et parmi tous les êtres animés qui l'entouraient, obéissant déjà à ce besoin d'expansion et de sociabilité qui est en nous, il se chercha un compagnon, un ami, un favori, si vous le voulez.

Ses regards s'arrêtèrent sur un chien.

C'était un bel animal, à la robe orangée, irisée de noir et de feu ; un chien ramoneau, comme on dit, dont les oreilles pendaient majestueusement jusqu'à terre.

Le premier homme caressa le premier chien, et le premier chien le suivit aussitôt.

Tous deux s'en allèrent courir les bois et les vallées du paradis terrestre, et ils se mirent à chasser de compagnie.

Seulement les chevreuils de la création étaient plus agiles que ceux de notre temps : le père Adam n'avait point encore inventé l'épieu, l'arc et la flèche ; le chien ramoneau perdait souvent la voie, et

s'il arrivait à forcer le gibier et à le prendre, lorsque l'homme arrivait, la bête de chasse était aux
trois quarts dévorée par le féroce animal.

L'homme se plaignit à Dieu.

Et Dieu lui répondit :

— J'attendais ta réclamation, et je gardais pré-
cieusement dans le creux de ma main une parcelle
du souffle divin que j'ai mis en toi et que j'ai appelé
ton âme.

— Qu'en voulez-vous faire, Seigneur? demanda
l'homme.

— Un chien plus intelligent que celui-là.

Et Dieu montrait le ramoneau.

Le lendemain, en s'éveillant, Adam vit auprès de
lui un bel épagneul marron et blanc, taché de feu.

Le chien avait l'œil mélancolique, et il vint caresser tristement son premier maître.

— Qu'il est beau! murmura l'homme en passant
la main sur sa robe soyeuse et lustrée.

Et comme Dieu apparaissait :

— Pourquoi donc, Seigneur, demanda l'homme,
ce superbe animal a-t-il le regard si triste?

— Ah ! répondit le Créateur, c'est que j'ai mis en lui un peu de l'âme humaine, et qu'il est plus près, comme intelligence, de l'homme que de l'animal. Seulement je lui ai refusé le don de la parole, et c'est de là que lui vient sa tristesse, car il ne peut pas toujours formuler clairement sa pensée.

Ce n'est pas un chien que je te donne, acheva l'Esprit céleste, c'est un ami. Le premier chien que j'ai créé avait un instinct, mais celui-ci est doté d'une âme.

Après avoir fait le *chien courant*, Dieu venait de créer le *chien d'arrêt*.

Cette légende établit mieux que toutes les théories du monde la distance qui existe entre les deux races.

Le chien courant est une brute vaillante. Le chien d'arrêt est un stratége, un penseur, un artiste.

Le premier obéit à un instinct grossier et féroce : — il chasse pour lui.

Le second voit dans la chasse une sorte d'association entre l'homme et lui, une lutte savante, où l'adresse de l'un et la ruse de l'autre se combinent.

Et voilà pourquoi, en dehors de la chasse, le chien

d'arrêt demeure l'ami du maître, le commensal de la maison, le favori de la châtelaine et joue gravement sur la pelouse avec les enfants.

Les races de chiens d'arrêt sont variées presque à l'infini, depuis le braque de la Vendée jusqu'à l'épagneul d'Écosse, qu'on nomme *setter*.

On obtient par les croisements des produits souvent extraordinaires comme fermeté d'arrêt et finesse d'odorat ; mais il serait difficile d'établir une nomenclature exacte et complète de ces différentes familles, et, dans un prochain chapitre, nous nous bornerons à étudier les trois races principales, selon nous, à savoir : le *braque*, l'*épagneul* et le *griffon*.

II

DRESSAGE DU CHIEN

Comment dresse-t-on un chien?

Autant demander comment on élève les jeunes filles.

Les unes ont une mère indulgente et crédule qui n'ouvre les yeux que lorsque le mal est fait.

Les autres ont une mère rigide, clairvoyante, prudente et qui, un matin, prendra un gendre dans ses filets et l'y entortillera comme un lapin dans une bourse.

Les chiens ressemblent un peu aux jeunes filles :

on les élève bien ou mal, tardivement et quand les mauvais plis sont déjà venus, ou avec une sage précocité.

Quand votre chien aura trois mois, faites-lui faire chaque matin une petite oraison devant un perdreau enfermé dans une cage, ou bien encore devant la grille qui protége des lapins domestiques.

A six mois, conduisez-le dans la plaine, le cordeau et le collier de force au cou, et faites-lui arrêter des cailles vertes.

Lorsque le chien aura un an, prenez un permis de chasse et passez votre fusil en bandoulière. Si votre chien est de bonne race, il arrêtera bien tout de suite.

S'il rompt l'arrêt, s'emporte et court après les perdreaux, saluez-le dans l'arrière-train d'une vingtaine de grains de plomb.

Il est rare qu'on soit obligé de recommencer cette correction.

Je me souviens que, dans mon enfance, j'allais chasser quelquefois avec mon père dans un canton du haut Dauphiné qu'on nomme le Dévoluï.

C'est un pays aride, froid, dépourvu de végétation,
à l'exception de quelques bouquets de sapins épar-
pillés sur la cime des montagnes.

Une année, c'était entre 1840 et 1845, je crois,
nous allâmes en Dévoluï pour chasser aux chamois.

Une bande de ces agiles animaux était établie
dans le canton.

Or, après trois jours de chasse aux chamois, nous
nous retrouvâmes, un soir, parfaitement bredouille,
dans la cuisine d'un garde qui nous avait accom-
pagnés.

Les chamois avaient filé.

Nous étions venus sans chiens d'aucune espèce, et
mon père songeait à envoyer son domestique chercher nos chiens d'arrêt que nous avions laissés chez
ma grand'mère, à Montmaur, lorsque nous remar-
quâmes, gravement assis devant le feu, un grand
braque tigré de blanc et de noir, un *chien bleu*,
comme on dit.

Nous étions alors au mois d'août, la saison des
cailles vertes.

On les trouve par centaines dans les avoines.

— Ton chien est-il bon? demanda mon père au garde.

— Heu! heu! répondit celui-ci.

— Bah! il arrêtera bien des cailles...

— Oh! dame!...

Le garde n'en dit pas davantage.

Le lendemain, au lever du soleil, nous étions en chasse tous les trois, précédés du chien bleu qui quêtait fort bien. Tout à coup il tomba sur une compagnie de perdreaux, la bourra et courut après pendant vingt minutes. Une seconde, une troisième compagnie furent traitées de la même façon.

— Jean, dit alors mon père au garde-chasse, tiens-tu beaucoup à ton chien?

— Dame! monsieur...

— En veux-tu deux louis?

— Ça va, fit le garde.

Et comme une quatrième compagnie de perdreaux donnait au chien bleu l'occasion de s'emporter de nouveau, mon père épaula et lui envoya deux coups de fusil, à cent mètres de distance, dans cette partie du corps que les précieuses du *Directoire* appelaient un *inexprimable*. Le chien tomba en hurlant, se roula dans la poussière, se releva couvert de sang et devenu rouge de bleu qu'il était, mais, au demeurant, sans blessure grave.

Le lendemain nous emportâmes le chien dans un panier à mulet. Huit jours après, *Médor*, c'était son premier nom, remis de son *indisposition*, nous suivait à la chasse et *arrêtait comme un pieu*.

C'est l'expression consacrée.

Il est mort chez moi, dans mon pied-à-terre bourguignon, à l'âge de seize ans révolus, vénéré de toute la contrée, qui l'a connu sous le nom de *Pacha*.

Pacha laisse dans l'Auxerrois, et principalement dans les cantons de Coulanges et de Vermenton, une longue lignée de chiens fameux.

Voilà donc à quoi tient la destinée !

Sans les deux coups de fusil qu'il reçut vous savez où, pour avoir *bourré* des perdreaux, Pacha serait demeuré Médor, un chien *gâteux* et obscur.

Cette mésaventure de son jeune âge lui a valu

2

une immortalité relative, et sa race n'est pas, Dieu merci, sur le point de s'éteindre.

J'ai rencontré bien des chasseurs qui coupaient la queue à leur chien, sans trop savoir pourquoi, et sans même songer à faire un peu de bruit, comme Alcibiade.

Un naïf commerçant de Paris qui s'en allait un dimanche matin chasser à Courbevoie, entre la caserne et le treillage du chemin de fer, monta dans le wagon où j'étais, en destination de Versailles.

Mon homme était guêtré jusqu'à la cuisse, bardé de plombières et de poudrières, et il tenait en laisse un braque et un épagneul ; — le tout en vue de tuer deux mauviettes et un pierrot. Il avait coupé non-seulement la queue de son braque, mais encore celle de l'épagneul. Ceci me fit sourire un peu et m'attira la question inévitable :

— Vous êtes chasseur, monsieur?

— Un peu.

— Comment trouvez-vous mes chiens ?

— Le braque est beau, quoique un peu long de reins et court de pattes.

— Et l'autre?

— Il est fort beau aussi ; mais pourquoi lui avoir coupé la queue?

Mon commerçant me regarda avec un certain mépris.

— Mais, monsieur, me dit-il, vous devez savoir, puisque vous êtes chasseur, qu'on coupe toujours la queue aux chiens d'arrêt.

— Aux chiens poil-ras, oui.

— Et pas aux autres?

— C'est inutile.

Cette réponse fit réfléchir le chasseur.

— Au fait, me dit-il, vous savez peut-être alors pourquoi on coupe la queue aux uns et pourquoi on la respecte chez les autres?

J'avais une petite canne à la main, je la pris à l'extrémité et je me mis à frapper de petits coups secs et régulièrement séparés sur l'extrémité de ma botte.

— Tiens ! me dit mon chasseur, c'est exactement le bruit que fait, en quêtant dans un taillis, un chien à longue queue, un chien courant, par exemple.

— Ah ! vous trouvez ?

Et j'enveloppai le bout de ma canne dans mon mouchoir, et l'ayant ainsi rembourré, je frappai de nouveau sur ma botte sans obtenir aucun son.

— Bon ! me dit-il, je crois comprendre. La queue fourrée de l'épagneul ne fait pas de bruit comme celle du *poil-ras.*

— Précisément, lui dis-je ; et comme on élève surtout des braques dans les pays de bois et de marécages, comme la Franche-Comté, la Vendée et le Dauphiné, pays de passage pour la *bécasse,* le gibier qui *piète* le plus devant les chiens, on a soin de raccourcir à ceux-ci ce membre turbulent qui fait grand tapage dans les taillis et dans les broussailles.

Le convoi s'arrêtait à Courbevoie en ce moment, et je laissai descendre mon chasseur et ses deux chiens.

L'honnête marchand de rouennerie, qui chassait le dimanche seulement, m'amène à établir une distinction un peu prétentieuse peut-être, mais qui n'existe pas moins, entre le chien qu'on dresse et le chien qu'on fait dresser.

Évidemment, un brave homme qui chasse une fois par semaine ne peut pas dresser un chien.

Alors voici ce qu'il fait : il élève son chien dans sa boutique jusqu'à l'âge de sept ou huit mois, le nourrit avec les restes de la cuisine, l'abreuve d'eau de vaisselle, et lui fait manger de la soupe trop chaude.

Après quoi, il *l'envoie à la campagne*, comme disent les boutiquiers, c'est-à-dire chez un vieux garde des eaux et forêts, qui ne chasse pas, attendu qu'une loi récente lui interdit d'avoir un permis.

Le vieux garde, un vieux drôle, je vous jure, emmène le chien dans ses tournées, le laisse courir à droite et à gauche, s'*emporter* sur les perdreaux, courir après les pies et les moineaux, et parfois même suivre les chiens courants d'une meute du voisinage. Le chien n'a plus de nez, il ne tient pas l'arrêt ; il donne de la voix sur un lièvre comme un *corniau* (chien croisé) ; mais, cependant, il est *bien dressé*, soyez-en sûr !

Vous allez en juger :

Le vieux garde, qui dresse douze ou quinze chiens

à la fois, et qui a pour cela un *prix fait*, comme
pour les petits pâtés (15 francs par mois de dressage, 10 francs de nourriture, leçons pendant six
mois, total 150 fr.) le vieux garde, disons-nous,
arrive un beau matin, le lendemain de la fermeture
de la chasse, chez son client, tenant Stopp en laisse.

— Ah! monsieur, dit-il, quel chien! quel chien!

—- Il sera bon?

— Il est fameux! vous m'en direz des nouvelles à
l'ouverture. Il arrêterait un convoi de chemin de fer.
Et tenez, voyez le rapport!...

Et le garde roule et noue son mouchoir, et le jette,
en lâchant Stopp.

— Apporte! apporte!! Bien!... mettez-vous sur...
Donnez à ce maître!...

Le chien a appris à rapporter; le vieux garde
emporte les 150 fr.; et le *client*, ravi, attend l'*ouverture* prochaine avec impatience.

L'année suivante l'ouverture arrive, le chien est
détestable. On fait venir le garde, qui répond avec
calme:

— Vous l'aurez laissé courir après les chevaux?..

— Je n'ai pas de cheval.

— Ou manger de la tripe?

— Mais c'est donc mauvais, la tripe?

— Ça perd l'odorat... mais ça se remettra, vous verrez..... C'était un fameux chien tout de même, *mossieur !.....*

L'histoire de ce garde n'est point un conte de chasseur.

Je tiens le nom et l'adresse de ce vieux drôle à la disposition de quiconque désirerait un mauvais chien sous tous les rapports.

III

Le braque est à l'épagneul ce que, autrefois, était à un grand seigneur de la cour un de ces épais gentilshommes de province, aussi nobles que mal élevés.

L'encolure large, la mâchoire meurtrière, les membres trapus, l'œil parfois sanglant, le braque est ce chien vaillant, au pied dur, à l'haleine longue, au jarret infatigable, que ni le froid, ni le chaud, ni le mauvais temps, ni la poussière ne rebuteront jamais.

Il est né en Vendée, en plein Bocage, non loin de l'Océan qui gronde, à l'ombre des forêts séculaires des vieux chouans. Comme eux il est brave, comme eux il est fidèle, comme eux il dédaigne le beau langage et les manières policées.

Il est plein de gentillesse dans son jeune âge ; il a parfois même les grâces de l'épagneul : mais ce charme est de courte durée, soyez-en sûr.

Aussitôt que le braque a chassé, il devient sombre, taciturne, brusque en sa démarche, rugueux en ses caresses.

C'est un général d'armée préoccupé de son plan de bataille, — c'est un philosophe plein de mépris pour les joies puériles de ce monde.

Il aime son maître, mais il a conservé vis-à-vis de lui son *franc parler*.

Une maladresse attire au premier les reproches énergiques du second.

Manquez un perdreau à *belle portée* et le braque grognera.

Recommencez deux fois de suite, et votre braque

tournera les talons et prendra le chemin de la cuisine.

J'ai connu un chien de cette race qui *essayait* les chasseurs; ordinairement le chasseur essaye le chien.

Ici c'était le monde renversé, — le chien essayait le chasseur.

Le chien se nommait *Fringaleux*. Pourquoi?

Pour expliquer ce nom bizarre, il nous faut expliquer bien autre chose.

Fringaleux était né dans une ferme appelée la Fringale.

Le mot *fringale*, dans de certains pays, est synonyme de faim canine, de misère sans nom, de dénûment poussé aux dernières limites.

La ferme de la Fringale était un mauvais bien appartenant à un gentillâtre, que je ne désignerai que sous le pseudonyme de *Six-Etoiles*. En dépit de ses maintenues de noblesse et d'un titre sonore dont il s'affublait, le gentillâtre en question était âpre au pauvre monde, comme on dit; il niait sa parole comme un simple vilain, falsifiait, au besoin, ses livres de compte, réclamait deux fois ce qu'on lui avait payé, levait la main en justice pour jurer qu'il ne devait rien, faisait saisir les récoltes de son fermier si le pauvre diable était en retard, défendait la chasse sur ses terres, braconnait sur celles des autres, empruntait des chiens qu'il ne nourrissait pas et laissait à l'assistance publique le soin de nourrir les siens.

L'aimable nature de ce gentillâtre et le sol ingrat de la ferme combinés, avaient amené la ruine successive de plusieurs métayers, et les paysans des environs avaient surnommé la *Fringale* ce domaine, où naquit le chien dont je vais vous faire l'histoire.

On le nourrissait mal, si mal, que lorsqu'il eut un an, il prit l'habitude de descendre au village et de chercher sa vie de porte en porte.

Il se fit mendiant d'abord, puis il devint voleur.

Son maître le conduisait à la chasse et l'envoyait souper, le soir, chez les paysans voisins.

Un beau jour, cette vie précaire déplut si fort à Fringaleux qu'il n'hésita point à déroger.

Après être né chez un gentilhomme, il se décida à aller vivre chez un meunier.

Ce meunier, du nom de Vincent, n'était pas chasseur, mais il était hospitalier et il recueillit le pauvre chien.

Or, tous les matins, Fringaleux se couchait au seuil du moulin et attendait qu'un chasseur vînt à passer.

Puis il le suivait.

Si le chasseur savait son métier, Fringaleux faisait le sien en conscience, il quêtait avec zèle, arrêtait ferme, suivait patiemment une piste.

Le soir, il quittait le chasseur et retournait au moulin.

Si, au contraire, Fringaleux avait eu affaire à un chasseur novice, il s'esquivait sans bruit au troisième coup de feu tiré sans résultat.

Fringaleux était, du reste, le prototype du braque :

Tigré de blanc et de marron, la tête carrée, le nez fendu, le cou épais, les membres charnus ; — il rapportait un lièvre d'une lieue de distance et serait mort à l'arrêt s'il avait plu à la pièce de gibier de lui donner l'exemple.

Le braque ne craint pas l'eau.

On le voit, en hiver, sauter courageusement en pleine rivière pour aller chercher un canard ou une bécassine. La chaleur ne l'accable point, comme l'épagneul ; le froid lui est indifférent.

Le braque est, selon nous, le vrai chien de l'Ouest, sobre, docile, patient, courageux, comme la forte race d'hommes qui l'a élevé.

Et puis, vienne l'occasion ! il n'est plus seulement chien de chasse, il est chien de garde, il se bat comme un lion !

Je me souviens d'un énorme chien de montagne qu'un vieux propriétaire de la rue Bellefond tenait constamment à l'attache, dans sa cour.

Un jour, je passais devant sa porte, ayant auprès de moi le braque dont je vous ai conté l'histoire, Pacha, le chien blanc. Le chien de montagne se mit à hurler, à rugir, et se démena si bien qu'il rompit sa corde et tomba sur Pacha. Le propriétaire accourut d'un air narquois et compatissant :

3.

— Ah! mon Dieu! mon Dieu! monsieur, disait-
il, quel malheur! mon chien va dévorer le vôtre.

Le bonhomme se trompait quelque peu.

Non-seulement Pacha ne fut point dévoré, mais il
maltraita si furieusement son adversaire, que le bon
propriétaire, non moins cupide que riche, avait la
prétention de me faire payer une indemnité.

Avec un épagneul, on chasse huit jours de suite,
tout au plus.

Un braque n'est jamais las.

Et, quand sonne pour lui l'heure de la vieillesse,
en le voyant s'étaler majestueusement sur la dalle
du foyer, étirer ses membres à demi perclus, et lever sur vous un regard calme et fier, ne dirait-on
pas un soldat blanchi sous le harnais, et qui conte
ses campagnes aux petits enfants émerveillés!...

IV

C'est par le croisement du braque et du chien courant qu'on obtient le *corniau*.

Qu'est-ce qu'un corniau?

Le corniau est au chien d'arrêt ce que le braconnier est au chasseur.

Voyez-vous ce paysan dont la maison et l'arpent de terre touchent à la forêt?

Il a l'œil louche, la mine mauvaise, la démarche pleine d'hésitations.

Regardez bien son visage, il porte l'empreinte de tous les mauvais instincts.

Cet homme est braconnier, il est voleur ; au besoin il sera assassin.

C'est lui qui, la nuit, après un affût infructueux, dévastera un champ, coupera un arbre avec une scie à main, volera un mouton ou un chevreau.

C'est lui qui franchira la clôture d'un parc pour y tendre un collet, et, la nuit suivante, si son collet est vide, sera capable de mettre le feu à la laume du bois..... pour se venger de cette canaille de propriétaire dont les lapins ne veulent point se laisser prendre.

Le braconnier travaille peu et mal, mais il travaille.

C'est-à-dire que vous le verrez partir pour les champs de grand matin, avec sa brouette.

Sur la brouette est un fagot d'échalas, mais sous le fagot est le fusil.

En passant, son œil de lynx interroge les sillons pour y découvrir un lièvre au gîte.

Le soir, à la nuit, le braconnier se place au coin d'un bois.

Dans la journée, si un lièvre ou un chevreuil,

vigoureusement chassés, débouchent et gagnent la plaine, ils trouveront le braconnier sur leur chemin.

Une chose qui nous a toujours frappé, c'est l'insuffisance, nous dirions volontiers, la nullité des moyens de répression qui existent en France contre le braconnage.

Le paysan qui braconne néglige son travail, laisse son champ en jachère, amène peu à peu la misère sous son toit, et finit, un jour ou l'autre, par assassiner un garde ou un gendarme.

On a beaucoup parlé de l'adresse du braconnier.

Adresse est un mot inexact, on devrait dire *ruse*.

Le braconnier assassine un lièvre à l'affût, en sifflant, ce qui oblige l'animal à s'arrêter et à fournir, par conséquent, un point de mire facile, ou bien il l'écrase dans sa *forme*, ou encore, il le tire devant les chiens, quand le pauvre animal a été chassé deux heures.

Le braconnier tire mal la perdrix, c'est connu.

En revanche, il excelle à détruire une compagnie de ces volatiles tout entière d'un coup de filet.

Eh bien! à tel maître, tel valet; à tel chasseur, tel chien!

Le chien du braconnier est un corniau, et voici, généralement son origine.

Dans les environs de la cabane du braconnier, il existe souvent un château. Au château se trouve une meute. Un jour, un valet de chiens négligent laisse pénétrer dans le chenil un chien d'arrêt.

Le chien couvre une *lice* qui se trouve, par hasard, *en folie*.

Quand la lice, qui était blanche ou tricolore, met bas, on s'aperçoit que dans la *portée* il y a un chien tigré, né court-queue.

C'est le bâtard.

— Jetez-moi ça à l'eau, dit le châtelain. Mais le valet de chiens est un enfant du pays; il est le cousin ou le neveu du braconnier, et il lui donne le *corniau*.

Ah! la fière éducation qu'il va recevoir, ce bâtard qui n'est ni chien d'arrêt, ni chien courant!...

Son dressage sera long, mais fructueux.

Lorsqu'il aura un an, *Médor* ou *Gendarme* aura pris l'habitude de suivre son maître aux champs.

Il happera, sans se donner la peine de les *arrêter*, les petites cailles qui ne peuvent voler encore; il tombera sur une couvée de perdreaux encore sans plumes. Jamais il n'*arrêtera*; mais ce sera un vrai broussailleur, quêtant sous le canon du fusil, allant à l'eau, se fourrant dans les épines et dans les terriers, donnant de la voix comme un chien courant et *ramenant* un lièvre dans les jambes du braconnier.

Le corniau aura la nature de son maître.

Il sera hargneux, querelleur; rusé, défiant; rarement il se laissera caresser.

Il éventera un garde ou un gendarme à un quart de lieue, il mordra les enfants et fuira devant les hommes; si d'aventure il rencontre un vrai chien d'arrêt qui a suivi et pris un perdreau *démonté*, le corniau tombera sur lui et lui disputera cette proie légitime. Le corniau est un mauvais chien qui fait tuer beaucoup de gibier.

Il ne quitte le braconnier ni nuit ni jour, il va au

champ et suit la brouette. La nuit, à l'affût, il se couche dans un fossé et fait le mort.

Si le lièvre blessé à l'affût n'est point resté sur place, le corniau le suit, sans mot dire, au sang, jusqu'à ce qu'il tombe épuisé.

Le chien corniau, cet animal dont le père était une vaillante bête, dont la mère était de noble race, ressemble beaucoup à ces gentilshommes dégénérés qui se font à demi paysans, comme le propriétaire de la *Fringale*, dont je vous parlais naguère, et qui, au souvenir de leur origine première, ont mêlé nous ne savons quelle astuce de bas étage, quelle finesse de mauvais aloi.

Le corniau, le braconnier et le gentilhomme fringaleux se valent; ils se sont mis en guerre ouverte avec la société et les pouvoirs établis.

Il est d'un gris cendré, taché de blanc ou d'o-
range; son poil est long et rude; sa tête ronde ressemble à un hérisson.

Mais au travers de cette boule informe brille un
œil petillant d'intelligence. Il n'a pas la gentillesse
policée de l'épagneul; il n'est pas sombre, et parfois
brutal comme le braque. Quand il est jeune, il est
joueur; la gravité lui vient avec l'âge; mais, jeune
ou vieux, il est brave, ardent, rusé.

Le griffon sera toujours le chien d'arrêt de prédi-
lection d'un vrai chasseur.

Le braque parfait vaut cent écus; on paye un épagneul irréprochable jusqu'à vingt-cinq louis, — mais le griffon sera toujours sans prix.

On n'achète pas plus un griffon qu'on n'achète une honnête femme. Le garde-chasse qui l'a dressé y tient autant qu'à sa place, autant qu'à son fusil.

Le propriétaire qui élève un griffon ne le vend jamais.

Savez-vous pourquoi?

Le vieux chasseur vous dira : Le braque est un chien d'ouverture, l'épagneul chasse bien l'hiver; — le griffon ne craint ni le froid ni le chaud, ni l'eau glacée ni la pluie.

C'est le zouave de l'espèce canine. A la fin d'août dans le Midi, le braque, vers le milieu du jour, se couchera parfois à l'ombre d'une treille; — le griffon, jamais.

Oh! la vaillante bête, qui n'a peur de rien et marche toujours!

Oh! le vrai chien, qui ne redoute ni les changements de température, ni les émigrations les plus lointaines!

J'en ai connu un, dans mon enfance, qui était né en Afrique, à l'ombre du drapeau français, sous la tente d'un commandant de *turcos;* il vint en France à l'âge de trois ans, et fut domicilié en Normandie.

Au ciel étincelant du désert, à la chaude haleine du siroco, succédaient pour lui le ciel pluvieux et

sombre de la vieille Neustrie, la brise humide qui
vient de la mer.

Tout autre animal fût mort au bout de quinze
jours.

Non-seulement il tint, lui, mais il ne perdit ni sa
vaillance, ni sa bonne humeur, ni ce regard intelligent et bon qui rappelle celui du caniche.

Quand je disais tout à l'heure, que le griffon était
le zouave de l'espèce canine, j'avais raison.

Il a vécu dans le désert, conduisez-le en Crimée,
menez-le à Bomarsund, au milieu des glaces de la
Russie septentrionale, il ne s'en apercevra qu'à
demi.

Si jamais la France mettait un chien dans son
écusson comme symbole de valeur et de fidélité, elle
ferait bien de choisir un griffon.

Et pourtant la noble bête a dans ses armes une
barre de bâtardise. *Au commencement*, comme dit
la parole biblique, il y avait une épagneule et un
poil ras des amours desquels naquit le griffon.

Oui, c'est un bâtard, mais un bâtard à la façon de
Dunois, — un bâtard à la manière de cette jeune

Amérique, née un matin de l'accouplement d'un nouveau monde avec la vieille Angleterre.

Croisez les races, et les races renaîtront plus belles et plus fortes.

Le griffon est aussi intelligent que le caniche, avec cette différence que son intelligence a un but et peut être utilisée.

Le caniche est un être incompris que le caprice de l'homme condamnera toujours à quelque rôle humble ou honteux.

Il sera *chien d'aveugle, tournebroche, saltimbanque*, mais il n'aura jamais une profession sérieuse.

Le caniche est un *fruit sec* rempli d'esprit et d'instruction, et à qui son instruction et son esprit ne seront jamais d'aucun secours.

C'est un *prix de Sorbonne* qui ne trouvera point à gagner sa vie, à moins qu'il ne se fasse domestique.

Le griffon, lui, est né chien de chasse; mais si le malheur des temps le jette dans une autre carrière, il saura y déployer les qualités et l'esprit du caniche.

J'ai connu en province une famille de petits propriétaires qui semblaient voués au culte le plus fanatique de la médiocrité : petit esprit, petite fortune, petite noblesse, petite éducation.

Ils étaient chasseurs, ils étaient paysans ; ils possédaient trois chevaux et deux chiens, dont un griffon.

Pendant la chasse, ces messieurs se donnaient les apparences de la chasse à courre ; ils montaient leurs chevaux de labour et galopaient lourdement à travers deux cents arpents de bois.

La chasse fermée, ces gentilshommes renvoyaient leurs chevaux à la charrue et convertissaient leur griffon en *chien de vache*.

Eh bien ! le pauvre animal était un peu honteux, mais il se résignait et suivait les vaches rousses aux prés, comme il précédait naguère ses maîtres dans les sillons et les jeunes taillis.

Seulement, parfois, il oubliait son nouveau rôle pour tomber à l'arrêt sur une compagnie de perdreaux.

Alors le vacher lui jetait une pierre ou lui donnait un coup de bâton.

La pauvre bête quittait tristement son arrêt et retournait à ses vaches, espérant des jours meilleurs.

Ce griffon résigné est, selon moi, le prototype de l'espèce : c'est un soldat redevenu laboureur, mais qui n'a point oublié son premier métier et reprendra du service au premier roulement de tambour.

Le chien et le cheval vivent ordinairement en bonne intelligence; mais, de tous les chiens de chasse, celui que le cheval préfère, c'est le griffon.

J'ai eu dans mon enfance un cheval corse qui m'a donné mes meilleures leçons d'équitation en me désarçonnant le plus souvent possible, et un griffon avec lequel j'ai fait mes premières armes de chasseur.

Le griffon et le cheval couchaient ensemble et s'adoraient. Le cheval s'appelait *Bibi*, le chien *Toto*.

Un jour Bibi me fit un *saut de mouton*, m'envoya rouler dans un fossé et prit le galop. Toto courut après lui, saisit avec ses dents la bride qui traînait par terre et arrêta le cheval, puis il le mordit vigoureusement.

Depuis lors, Bibi ne m'a jamais désarçonné.

Je sais bien que les sceptiques diront que j'étais devenu cavalier, sans doute; mais je préfère croire que la correction de son ami Toto avait rendu Bibi plus raisonnable.

VI

L'ÉPAGNEUL

Il a le nez fin; il arrête patiemment; il est plus intelligent que le braque; il a une belle fourrure, une queue majestueuse et de grandes oreilles qui, parfois, pendent jusqu'à terre. Il a l'œil mélancolique et bon. Bien certainement il est le plus beau des chiens d'arrêt.

Mais toute médaille a un revers, et le revers de la médaille de l'épagneul, c'est sa nonchalance.

Épagneul veut-il dire : *chien d'Espagne?* Les uns disent oui, d'autres non.

4.

Toujours est-il que l'épagneul a le caractère d'un véritable hidalgo.

Il est fier, il est indolent; il aime le luxe et semble mépriser la médiocrité.

L'épagneul est un chien de salon; on le rencontre sur le boulevard parisien pompeusement conduit en laisse par son maître : deux *gandins* réunis par le même cordon de soie végétale.

Car l'épagneul, aux yeux d'un vrai chasseur, ne sera jamais un chien sérieux, et nous maintenons le mot, c'est le *gandin* des chiens d'arrêt.

Les chasseurs parisiens que la Bourse ou les affaires ne laissent libres que le dimanche peuvent avoir un épagneul; mais les gens qui sont en *déplacement* pour un certain nombre de jours doivent se précautionner d'un braque ou d'un griffon.

Quand l'épagneul a chassé deux jours, il tire la langue le troisième. Le quatrième, il refuse d'aller plus loin, et se couche résolûment à l'ombre d'un arbre.

L'épagneul est par excellence le chien du chasseur parisien.

Peu de besogne, voilà leur devise : ce qui n'empêche pas le premier d'avoir de grandes qualités, et le second un coup d'œil très-juste.

En province, la chose est passée en proverbe; on dit : *tirer comme un Parisien*, ce qui peut se traduire ainsi :

Le Parisien est le meilleur tireur et le plus mauvais chasseur du monde.

Je sais bien que je vais soulever des tempêtes et m'attirer peut-être bon nombre de cartels; mais j'aurai le courage de mon opinion.

La justesse du coup d'œil appuyée sur le sang-froid fait le tireur.

L'expérience seule fait le chasseur.

L'homme qui vit beaucoup à la campagne et qui n'en bouge depuis le mois de septembre jusqu'à la fin de février finit par acquérir ce que les stratéges appellent la *connaissance du terrain*.

Le vrai chasseur de province, quelquefois tireur médiocre, sait à merveille l'influence de la température sur le gibier; il connaît les mœurs, les habitudes de ce dernier; il prendra toujours le bon vent et ne marchera jamais à l'aveuglette.

Si la lune est vieille, il ira chercher le lièvre sur les coteaux; si elle est nouvelle, il descendra dans les plaines et explorera les bas-fonds.

Il saura que, par un temps de pluie, la perdrix rouge court sur les pierres et se blottit dans les broussailles; que, les jours de brouillard, le gibier part de loin.

L'hiver, par une matinée étincelante et froide, son œil exercé verra monter une petite vapeur au-dessus d'un sillon.

C'est la respiration d'un lièvre qui se rapetisse en son gîte.

Comment voulez-vous que le chasseur parisien puisse savoir tout cela?

Il chasse deux fois par semaine au plus; il est toujours accompagné d'un garde qui le conduit *aux bons endroits*, sans lui expliquer que, selon le vent, la température ou la croissance de la lune, le gibier change de canton.

L'épagneul est donc le chien qui convient aux Parisiens.

Sa beauté majestueuse lui permettra de figurer avec avantage sur le boulevard.

On l'admirera au salon, couché sur une peau de tigre.

Il flattera l'orgueil de son maître, et suffira à ses besoins.

Cependant, il ne faut pas confondre l'épagneul français, ce chien délicat, intelligent, plein d'indolence, avec son frère d'outre-Manche.

Ah! le *setter* d'Écosse, le vrai *setter*, dont la robe

est noire comme une aile de corbeau, dont les pattes et le museau sont tachetés de feu, celui-là est un animal vigoureux, intrépide, bravant la chaleur et le froid.

Noir ou couleur de brique, il appartient à la même race.

C'est le chien des vieux clans chantés par Walter Scott; c'est le fils des vallées neigeuses, creusées au pied des Highlands.

Il a chassé le coq de bruyères dans les montagnes, et le faisan de nos parcs réservés n'est pour lui qu'un jeu.

Voilà un bon, un solide chien, dur comme le braque, tenace comme le griffon, intelligent comme l'épagneul français.

On m'a vu bien souvent autrefois me promener avec un animal de cette race qui faisait l'admiration universelle.

Il était venu d'Écosse à l'âge de six semaines, couché dans un manchon et gros comme le poing. A dix-huit mois il était plus haut qu'un braque de la plus grande taille.

Je le nommais *Ébène*.

Ébène ne fut jamais dressé; il se dressa tout seul et devint un chien parfait; — mais il était, comme tous les individus de sa race, sujet à des caprices sans nombre; doux aujourd'hui, méchant demain, vagabond toujours.

Il me quittait au milieu de la rue et je ne le revoyais que quinze jours après.

On le trouvait le matin, couché à la porte.

Où était-il allé? mystère!...

On me l'a volé souvent, il est toujours revenu, quelquefois même ayant au cou un fragment de corde brisée.

Eh bien! ce chien de Paris, ce chien du boulevard, qui s'en allait tous les jours au *bois* couché dans mon *poney-chaise* à côté de moi, a fait une fin tragique, épouvantable.

Il a été dévoré par les loups, à l'âge de dix à douze ans, au retour d'une expédition amoureuse.

Voilà où mène l'inconduite.

DEUXIÈME SÉRIE

LES CHIENS COURANTS

I

Ceci n'est point un conte de fées, mais une histoire de chasse.

Bien des gens prétendront que c'est à peu près la même chose, mais peu m'importe! je vous la narrerai cependant.

Il était une fois un brave homme qui avait gagné un petit million dans le commerce des laines et de la draperie.

Il avait cinquante ans. Il eut le malheur d'aspirer aux honneurs officiels et songea à être maire.

Mais on a beau avoir un million, on ne devient pas précisément le maire d'une grande ville, et notre homme, que j'appellerai M. Dimanche, — le nom est de Molière, comme vous savez, — notre homme, dis-je, habitait un chef-lieu de préfecture.

Il vendit sa boutique, réalisa son million et s'abonna aux *Petites Affiches*.

Les *Petites Affiches* lui apprirent qu'il y avait quelque part, dans un village, un château, un vrai château, la demeure d'un gentilhomme qui avait un peu grignoté les bois et les fermes de son héritage.

Le château était à vendre.

M. Dimanche l'acheta, avec l'arrière-pensée de succéder à son vendeur, et de devenir maire du village voisin.

Il acheta le château, les meubles, les chevaux, les

chiens et s'installa au milieu de tout ce bagage...
mais il ne fut pas nommé maire.

Il avait des voisins. Il voulut voisiner ; mais les
voisins étaient frottés d'aristocratie et trouvèrent
que M. Dimanche manquait un peu d'origine.

M. Dimanche se trouva donc, dès le début, frustré
de ses deux plus chères espérances.

Il songea souvent à sa boutique qu'il n'avait plus,
et s'aperçut un beau matin qu'il avait eu tort de la
vendre. L'ennui l'avait pris à la gorge au milieu des
fêtes économiques qu'il donnait à ses anciens asso-
ciés.

Ne sachant comment se distraire, il eut un jour
l'idée lumineuse de devenir chasseur.

Le précédent propriétaire avait laissé un chien
d'arrêt et huit chiens courants.

M. Dimanche embaucha le piqueur du vicomte,
comme il avait acheté les chevaux et les chiens.

Le piqueur toisa son nouveau maitre des pieds à la
tête, et lui dit un soir :

— Monsieur ne sera jamais un chasseur de bois,
mais il pourra peut-être chasser en plaine.

Ces mots intriguèrent l'ancien bonnetier.

— Pourquoi donc cela? demanda-t-il.

— Parce que monsieur est un peu vieux.

— Bah! je suis solide, l'ami! j'ai été homme de peine, et j'ai bon pied, bon œil.

— C'est précisément parce que monsieur a été homme de peine, répondit insolemment le piqueur, que monsieur ne sera jamais un chasseur de bois.

— Plaît-il?

— Car, voyez-vous, monsieur, la vénerie, c'est un peu comme la noblesse, c'est héréditaire : on ne fait pas plus un veneur avec un ancien bonnetier qu'un civet de lièvre avec un lapin. Si monsieur me croit, il chassera au chien d'arrêt.

M. Dimanche se laissa convaincre.

Il apprit à charger un fusil, manqua force perdreaux et force lièvres, mais, au bout de deux ans, il devint un tireur passable.

Il est vrai qu'il avait tué, durant son long apprentissage, son chien et celui d'un de ses amis.

A présent, il parle avec emphase de ses journées d'ouverture; il a fait défendre la chasse chez lui, et

n'invite à parcourir ses bois le fusil sur l'épaule,
que d'inoffensifs bonnetiers pour lesquels les lois
sur le braconnage n'ont point été faites.

Le piqueur, lui, chasse avec les chiens courants;
et comme un jour, l'ex-boutiquier, revenait à l'idée
de découpler *sa meute* dans un taillis, il lui a donné
le conseil de lire *Jacques du Fouilloux*, *Gaston Phœbus*, *Elzear Blaze* et *Théodore la Vallée*.

Le bonhomme a lu, mais il n'a rien compris, et
le piqueur lui a dit :

— Voyez-vous, monsieur, la chasse aux chiens
d'arrêt est la chasse des bourgeois, la chasse aux
chiens courants celle des *gentlemen*. Monsieur est
trop vieux pour devenir gentleman, et il a bien
prouvé qu'il était un bourgeois en gardant les gens
de monsieur le vicomte. « A homme neuf, peau
neuve. »

M. Dimanche, furieux, congédia le piqueur : mais
il crut profiter de son conseil en badigeonnant
d'une belle couche d'un blanc cru les vénérables
tourelles d'un vieux manoir que jadis, au temps du
vicomte on appelait le *Château des Ormes*, et que

les paysans n'appellent plus aujourd'hui que *les Or mes*, tout court.

Cette histoire, un peu longue, chers lecteurs, a pour but de poser ce principe, que nous considérons comme absolu en matière de chasse :

On devient chasseur, on naît veneur; la chasse aux chiens d'arrêt est un exercice, la vénerie une science.

La vénerie, c'est la vieille chasse de nos pères, la chasse royale, l'art de Charles IX le poëte, et de François Ier le chevalier, c'est une longue tradition qui se transmet de race en race, et de génération en génération.

Sur dix veneurs, neuf sont fils de veneurs, le dixième peut être un initié, un *parvenu* ; mais c'est qu'alors il a cette intelligence vaillante qui fait d'un soldat un général à la première bataille. C'est un gentilhomme qui avait perdu les traces de son origine première, et que ses instincts ont trahi tout à coup.

II

Il y a deux chasses aux chiens courants, la grande et la petite.

La première devient tous les jours plus difficile, grâce au morcellement continuel.de la propriété terrienne.

Mais la seconde survivra longtemps encore, il faut l'espérer, n'en déplaise aux fermiers, aux petits propriétaires et aux paysans.

On a chanté le paysan sur tous les tons ; on a publié des odes au *laboureur* ; on a prétendu que c'était le plus désintéressé, le plus vertueux et le meilleur des hommes.

Les gens qui ont écrit ou affirmé toutes ces choses avaient les pieds sur les chenets, à Paris, mais ils n'étaient pas chasseurs.

Il faut être chasseur pour savoir ce que vaut le paysan.

Le paysan hait le chasseur, non pas, croyez-le, parce que chiens ou chevaux peuvent commettre chez lui quelques dégâts, dégâts qui sont toujours payés largement, du reste, mais parce que le chasseur est un *bourgeois*.

Ce mot qui, dans le monde intelligent, désigne généralement un imbécile, est au contraire, pour le paysan, l'expression de la considération la plus grande. Voyez-le, courbé sur sa houe, dans son champ, au bord d'une forêt où l'on chasse.

Si l'animal couru vient à débucher, le paysan cherchera à rompre les chiens, histoire d'*embêter* le bourgeois, comme il dit.

Un lièvre blessé à mort vient-il tomber au bord

d'un bois, le paysan le cachera dans sa hotte ou dans sa brouette.

Arrive le chasseur ! il a deviné le vol ; il offre généreusement cent sous.

Le paysan fait le niais ; il préfère garder le lièvre, qu'il vendra quarante sous à un marchand des environs.

Il perdra trois francs à ce jeu : mais il aura *embêté* un bourgeois.

C'est cet esprit de haine jalouse et d'envie démesurée que la civilisation moderne a développé chez le paysan, qui rend, dans les trois quarts de la France, la chasse à courre à peu près impossible.

Jadis quatre ou cinq propriétaires se réunissaient, mettaient leurs bois en commun, formaient un équipage et chassaient.

Aujourd'hui, entre les bois de chacun d'eux il y a une bande de terre large comme la main que le paysan a achetée.

Le paysan ne veut pas qu'on chasse !

Le vrai maître en ce monde, celui qui parvient

toujours à se placer au-dessus du code, à frauder les lois ou à les éluder, c'est le paysan.

Vous aurez beau être riche, indépendant, grand propriétaire, dépenser en bonnes œuvres la moitié de votre revenu, vous faire la providence de toute une contrée, vous n'en serez pas moins la *chose* taillable et corvéable à merci du paysan.

Vous lui donnerez du pain dans les années mauvaises; au printemps suivant il fourragera vos récoltes et dévalisera vos espaliers; vous lui donnerez du bois de chauffage pendant les hivers rigoureux, et cela ne l'empêchera point de vous casser les jeunes arbres et de vous scier, la nuit, un chêne qu'il ne pourra pas emporter!

Ayez des valets de chiens soigneux et zélés, si vous chassez; car vos chiens, s'ils s'égarent, reviendront avec un coup de fourche, de serpe ou de bâton.

C'est pain bénit pour le paysan de maltraiter un chien de chasse. Il est vrai qu'il y a des chiens qui ne sont pas d'humeur à se laisser molester, et cette réflexion m'amène à vous parler tout de suite d'une race de chiens à peu près disparue aujourd'hui, les *alans*.

L'*alan* était, au moyen âge, le grand chien féroce avec lequel on chassait le sanglier, l'ours et même l'homme.

Le seigneur breton dont les vassaux rebelles fuyaient la terre pour se réfugier dans les landes découplait sur eux une meute d'*alans* et les forçait comme bêtes fauves.

Aujourd'hui, si l'alan existait encore, il est probable que le paysan serait moins irrité contre le chasseur.

Malheureusement ce descendant des anciens molosses, ce chien géant a fait place, peu à peu, à différentes races, non moins vaillantes, mais plus faibles et qui n'intimident plus l'homme.

Dans la grande vénerie on a encore des chiens de haute taille ; mais le chasseur ordinaire, celui qui ne possède qu'une douzaine de têtes, préfère le demi-briquet ou le chien anglais, et certes ce n'est ni avec l'un ni avec l'autre qu'il coiffera un ours.

Au moyen âge, le chien courant à la mode était le lévrier.

Cependant le lévrier est dépourvu d'odorat et ne chasse qu'*à vue*.

Mais un lièvre qui file devant lui en plaine est perdu s'il ne trouve sur sa route un bouquet d'arbres ou un fossé pour se cacher.

Il n'était pas un gentilhomme, pas une châtelaine qui ne possédât un lévrier.

Les peintres en ont fait l'emblème de la fidélité; les sculpteurs l'ont couché sur la tombe du seigneur châtelain, placé derrière le maître autel.

Pourtant, la tradition assigne à cet animal une singulière origine.

D'après certains auteurs, le lévrier serait le produit métis du loup et du chien.

Il y a même une légende à ce propos.

La voici :

« Saint Hubert n'avait point encore abandonné la terre pour s'en aller chasser dans le paradis, et les hommes ne s'étaient point avisés de le canoniser.

« Le futur saint s'était levé un jour de bon matin pour aller courre un cerf, et il avait emmené avec lui deux alans merveilleux de vitesse et d'odorat.

« Les alans attaquèrent au plus profond d'un fourré. Saint Hubert les suivait de près, mais ne vit pas la bête de chasse.

« L'animal qui fuyait devant les chiens semblait invisible.

« Hubert galopa à travers bois, pendant cinq heures, sur les derrières de ses deux alans, qui finirent par se lasser, et il arriva ainsi au bord de la forêt que bordait une plaine immense. Un des alans tomba épuisé de fatigue; l'autre débucha mollement, et saint Hubert poussa un cri de rage.

« Il venait enfin d'apercevoir la bête de chasse. C'était un lièvre, un simple lièvre qui avait mis ses chiens sur les dents, et ce lièvre trottait que c'était plaisir à le voir, et ne paraissait nullement fatigué.

« Tout à coup un animal au poil fauve, au ventre étranglé, au museau pointu, bondit hors des bois, gagna l'alan de vitesse, puis le lièvre, tomba sur le pauvre animal comme la foudre, et le tua d'un coup de dent. Saint Hubert arriva à cet étrange hallali, et, dans cet auxiliaire qui lui était venu si à propos, il reconnut un loup.

« Le loup comprit sans doute qu'il était en présence d'une future notabilité du paradis, et, plein de respect pour le saint, il lui lécha les mains et les pieds, puis il le suivit comme un chien. Saint Hubert l'emmena et le donna pour époux à une belle chienne blanche, de cette race qui devait un jour porter son nom.

« De cette union naquit le lévrier, et, quelques

mois après sa naissance, saint Hubert quitta la terre pour le ciel.

« Lorsqu'il alla saluer le Père éternel qui, revêtu de sa robe bleue parsemée d'étoiles, écoutait les archanges qui sonnaient de la trompette, Jéhovah lui dit :

« — Maître Hubert, vous avez fait sur la terre une œuvre mauvaise ; vous avez accouplé le chien, qui est une bête de Dieu, avec le loup, qui est un animal d'enfer. Cet accouplement a donné naissance au lévrier, qui eût été un chien parfait si je l'avais permis ; mais comme je veux qu'il reste du gibier sur la terre pendant quelques siècles encore, j'ai refusé l'odorat au lévrier.

« Saint Hubert s'inclina un peu confus, et Dieu se remit à écouter sonner de la trompette. »

III

La grande vénerie est devenue chose rare en France.

Il n'y a plus guère que trois ou quatre provinces où on puisse encore chasser à courre, par suite du morcellement de la propriété. En revanche, la petite chasse aux chiens courants est généralement répandue.

Quand on est propriétaire modeste, à la tête de quelques centaines d'arpents de bois, on a cinq, six, huit, quelquefois douze chiens.

Mais ordinairement on ne dépasse pas la demi-douzaine, et presque toujours on a parmi ces six chiens une paire de bassets et quatre briquets.

Le grand chien de meute est trop vite pour le chasseur à pied ; il faut de bonnes jambes pour suivre le briquet ; mais la chasse avec des bassets est chose charmante.

A première vue, il est difforme, ce chien allongé sur des pattes courtes et tordues ; cependant un connaisseur ne s'y trompe pas et regarde la tête, dont l'œil est intelligent, l'oreille longue, la mâchoire bien plantée. Le corps du basset est celui d'un grand chien, les membres seuls diffèrent et paraissent n'avoir point été faits pour lui.

Et cette fois encore, la légende est là pour venir en aide à l'histoire, qui se tait ; et on nous permettra de recourir à elle pour expliquer les formes bizarres de cette variété de chien courant.

C'était au moyen âge.

Au bord du Rhin, sur la rive droite, à peu près en face de Strasbourg, un burg dressait ses tourelles au milieu des sapins qui couronnent les derniers escarpements de la forêt Noire.

Un chevalier, qui revenait des croisades, s'en vint un soir sonner du cor au pont-levis et demanda l'hospitalité. Ce chevalier était un baron alsacien dont le manoir avoisinait Saverne. Le châtelain du burg, qui était couché, fut éveillé par le son du cor, et il ouvrit une fenêtre et se pencha au dehors pour savoir quel était celui qui venait ainsi troubler son repos.

C'était un vieux seigneur maussade et grondeur que ce châtelain, vivant seul, reniant Dieu, refusant l'aumône depuis que sa femme, qui se nommait Wilfride, s'était enfuie avec un de ses pages.

Aux rayons de la lune il aperçut le chevalier alsacien. C'était un bel homme, encore jeune, qui montait un superbe cheval arabe et tenait en laisse deux beaux chiens courants.

Si le chevalier eût été à pied, il eût couché à la belle étoile; mais le cheval et les deux chiens tentèrent le châtelain.

Le bonhomme se leva, fit baisser le pont-levis et

donna l'hospitalité au *croisé*, lorgnant d'un œil de convoitise le beau cheval et les deux chiens.

Le cheval était blanc comme neige ; il avait le cou de cygne, la tête petite et carrée, l'œil à fleur de tête, les membres grêles et nerveux.

Les chiens étaient de grande taille, de robe tricolore ; ils étaient admirablement coiffés, et quand la porte du manoir s'ouvrit, l'un d'eux donna un coup de gorge à faire frissonner de joie saint Hubert.

— Allons ! pensa le vieux châtelain, voici des chiens et un cheval qui seront à moi.

Et malgré son avarice, il fit à son visiteur nocturne une réception splendide et lui offrit de son meilleur vin.

Le *croisé* mangea beaucoup ; il but plus encore, il but si bien qu'il se grisa et tomba lourdement sous la table.

Alors le châtelain allemand prit sa dague et le tua.

Puis, aidé d'un écuyer qui était son âme damnée, il alla jeter le corps du malheureux *croisé* dans une oubliette de son burg, se disant :

— Maintenant, les chiens et le cheval sont à moi !...

Le vieux seigneur abandonné par sa femme, le châtelain sans foi ni loi qui venait d'outrager ainsi la sainte hospitalité, donna deux pièces d'or à l'écuyer, son complice. Puis il alla se coucher.

Un criminel moins endurci n'eût pu fermer les yeux ; mais lui, il s'endormit profondément et rêva du beau cheval et des deux grands chiens tricolores.

Cependant, au point du jour, il se trouva sur pied.

Alors, s'étant vêtu lestement, il descendit à l'écurie pour visiter ce cheval qu'il avait acquis au prix du sang.

Le cheval était tristement appuyé sur sa longe, et il jeta sur son nouveau maître un regard dans lequel celui-ci crut lire de l'indignation.

Néanmoins le vieux châtelain résolut de l'essayer sur l'heure. L'écuyer sella le cheval.

Le cheval n'opposa aucune résistance et laissa, de bonne grâce, le farouche seigneur s'élancer sur sa croupe.

Puis il sortit du manoir à l'amble, et prit la direction que lui imprima le genou de son cavalier.

— Hé! Conrad! cria le châtelain à son écuyer, m'as-tu détourné un chevreuil, ainsi que je te l'ai commandé?

— Oui, certes, messire.

— Eh bien! donne la pâtée à ces beaux chiens, nous les allons essayer dans une heure.

Conrad, l'écuyer complice, s'inclina.

Le châtelain mit le cheval arabe au galop, après l'avoir mis au trot, puis il le réduisit au pas; ensuite, il le fit volter, changer de pieds, reculer, sauter une haie, franchir un fossé; tout cela dans l'espace d'une heure.

Le cheval était d'une docilité parfaite, répondait à tout ce qu'on lui demandait, avec des actions d'une douceur incomparable, et était, si on lui rendait la main, d'une vitesse merveilleuse.

— Allons, pensa le châtelain en rentrant au manoir, j'aurai là un cheval sans pareil. Et, ma foi! ajouta-t-il avec un rire impie, je ne l'aurai point payé trop cher.

Le châtelain déjeuna de bon appétit, avala tout

entière une bouteille de vieux vin du Rhin ; puis il remonta à cheval.

Cette fois il était accompagné de son écuyer, qui tenait les deux chiens en laisse. Il leur fit attaquer un chevreuil dans la forêt voisine.

Le chevreuil fut forcé en une heure. Les deux chiens étaient mieux gorgés que des alans et plus vites que des lévriers.

Le châtelain rentra chez lui.

Le lendemain, il attaqua un sanglier ; le jour suivant un cerf ; puis un élan le troisième.

Élan, cerf et sanglier succombèrent devant les intrépides bêtes.

Alors le châtelain résolut de s'en prendre à l'ours.

Une ourse qui nourrissait fut cernée et mise sur pied. Les chiens tricolores la forcèrent à débucher comme un simple lièvre ; et, lorsqu'elle se retourna et voulut leur faire tête, ils la coiffèrent très-proprement, jusqu'à ce que le vieux seigneur l'eût portée bas d'un coup d'épieu.

Le châtelain était ravi.

Cependant, une chose le chagrinait, c'était le

peu d'amitié que ces chiens et cheval lui témoignaient.

En vain passait-il sa main sur la croupe lustrée du bel étalon, lui prodiguant des noms d'amitié, l'étalon baissait la tête et ne répondait jamais par un hennissement de joie.

Quant aux chiens, c'était pis encore. Ils montraient les dents et grognaient si, d'aventure, leur nouveau maître les voulait flatter de la main.

Il arriva un matin que l'évêque de Strasbourg, qui était grand chasseur, entendit parler de ces chiens merveilleux et de ce cheval incomparable, et il eut fantaisie de les avoir.

Il s'en vint donc visiter le châtelain, suivi de ses gentilhommes, et les fontes de sa selle pleines d'or.

Le châtelain n'osa refuser l'hospitalité à l'évêque, qui était en même temps son seigneur suzerain, et il le convia à voir chasser ses chiens le lendemain.

Le lendemain, en effet, l'évêque et son hôte étaient à cheval avant le lever du soleil, et les chiens, découplés dans un taillis, commençaient à donner de la voix.

Mais tout à coup, ô miracle! les chiens ne jappè-
rent plus comme des chiens, leurs aboiements de-
vinrent paroles humaines, et ces paroles retentirent
aux oreilles de l'évêque.

Les chiens disaient :

— Le seigneur Wilhem, l'époux de Wilfride, est
un assassin! Il a tué le chevalier croisé auquel nous
appartenions, nous et le cheval !...

Et en même temps que les chiens parlaient ainsi,
le cheval redressa la tête, frissonna entre les jambes
de son cavalier et l'emporta, ivre de terreur, à travers monts et vallées.

Plusieurs fois le châtelain avait voulu sauter à bas
de son cheval, mais une force inconnue et mystérieuse le retint sur sa selle, et, bon gré mal gré, il
fut contraint de revenir à la porte de son manoir.

Là, il trouva l'évêque.

L'évêque le regarda d'un œil menaçant et lui dit :

— Je connais ton forfait, et je pourrais te punir
en t'infligeant la peine du talion ; cependant, si tu
veux me donner une forte somme d'argent pour

7

m'aider à la construction de mon église de Strasbourg, je te ferai grâce de la vie.

Quant à tes chiens, garde-les! bêtes qui parlent
sont bêtes d'enfer.

Le châtelain paya sa rançon en blasphémant; puis,
quand l'évêque fut parti, il se fit amener les chiens
révélateurs :

— Ah ! maudites bêtes, leur dit-il, vous allez
payer de votre vie le tort que vous m'avez fait.

Et il les tua, l'un après l'autre, d'un coup d'é-
pieu.

Les chiens moururent sans avoir prononcé un
mot.

Mais le lendemain, comme le châtelain, pour se
consoler de la perte de son argent, s'en allait à la
chasse avec ses chiens ordinaires, il entendit retentir dans un taillis de longs aboiements, et il pâlit et
frissonna en voyant déboucher un chevreuil et derrière le chevreuil les deux chiens tricolores qu'il
avait tués la veille.

C'étaient bien eux, lestes et vaillants, chassant à
pleine gorge et répétant de temps en temps :

— Le châtelain Wilhem est un assassin !...

Cependant, la veille, on avait enterré dans la cour du manoir les deux chiens éventrés et sans vie...

Et, comme la veille, le cheval s'emporta, et le châtelain, ivre de terreur, ne put le réduire et le retenir.

Mais, chose étrange ! le chevreuil courait côte à côte, comme s'il eût été le chasseur et si le châtelain fût devenu la bête de chasse ; et les chiens, qui galopaient toujours derrière, continuaient à hurler :

Le seigneur Wilhem est un assassin !...

Les chiens couraient toujours, ils aboyaient, et leurs aboiements devenus paroles humaines disaient : — Le seigneur monté sur ce cheval gris de fer est un assassin !

Le châtelain était ivre de terreur.

Pour échapper à ce reproche étrangement formulé, il voulut tourner bride.

Le cheval, pour la première fois, se montra rebelle à l'éperon.

Cependant, comme les mollettes d'acier péné-

traient profondément dans ses flancs, il fit volte-
face.

Alors, éperdu, le châtelain voulut rebrousser
chemin et tourner le dos à la chasse, car le chevreuil continuait à détaler devant les chiens, et les
chiens, hurlant après lui, répétaient leur terrible
accusation.

Mais comme s'il n'eût attendu que ce moment, le
chevreuil se déroba par un bond prodigieux, au
milieu d'un fourré, et les chiens perdirent la *voie*.

Un moment, ils firent silence; le cheval galopait
avec furie, et le châtelain continuait à lui mettre l'é-
peron aux flancs.

Mais tout à coup les aboiements des chiens se
firent entendre de nouveau.

Ils avaient *perdu* le chevreuil, il est vrai, mais
comme les grands lévriers de Bretagne, ils chassaient l'homme.

Le châtelain était devenu bête de chasse, et plus
vite il fuyait, plus sonores étaient devenus les aboiements des deux chiens.

Pendant cinq heures cette chasse infernale fit retentir les bois et les rochers.

Le cheval fuyait toujours et toujours les chiens hurlaient.

Cheval et chiens étaient rapides comme la bise qui passe, pendant les nuits d'hiver, dans les grandes forêts de la vieille Germanie.

Ils traversèrent plaines et vallons, villes et villages.

Le cheval sauta dans le Rhin, les chiens se mirent à la nage.

Un moment le châtelain éperdu eut un éclair de raison, comme une inspiration, comme un espoir de délivrance.

Il essaya de se laisser glisser à bas de son cheval, espérant que les chiens poursuivraient celui-ci et le laisseraient tranquille.

Mais une force inconnue, mystérieuse le maintint sur sa selle.

La journée s'écoula, le soir vint, le soleil disparut derrière les sapins d'une chaîne de montagnes qui bornait l'horizon.

C'était la chaîne des Vosges.

Le cheval n'était point las, les chiens continuaient à le suivre, et les populations au milieu desquelles ils passaient, entendant la terrible accusation, détournaient la tête et comprenaient que Dieu avait permis un miracle pour châtier un grand coupable.

Alors comme la nuit était proche, le châtelain fut pris d'un désespoir immense, le désespoir du cerf qui se décide à faire tête aux chiens.

Et il rassembla le cheval, qui s'arrêta docilement.

Les chiens n'étaient plus qu'à une trentaine de pas.

— Par Satan ! s'écria le châtelain, j'aurai raison de ces maudites bêtes.

Il voulut mettre pied à terre, et cette fois la puissance inconnue qui l'avait naguère vissé sur sa selle ne s'y opposa plus.

Alors il tira son couteau et attendait de pied ferme.

Les chiens arrivèrent sur lui.

— Bêtes d'enfer! dit le châtelain, je n'essayerai pas de vous tuer de nouveau, puisque vous ressuscitez, mais je saurai bien vous mettre dans l'impossibilité de me suivre.

Et saisissant l'un des chiens qui s'était jeté sur lui, il le renversa, lui posa un genou sur le ventre pour le maintenir immobile, et à l'aide de son couteau de chasse, il lui coupa les quatre jambes à la hauteur du genou.

Le chien hurlait, mais il ne mordit pas.

Son compagnon se jeta comme lui sur le châtelain, et comme lui il eut le même sort.

Le cheval, immobile à quelque pas, avait suivi de son œil intelligent tous les détails de cet acte de barbarie.

— Maintenant, exclama le châtelain, courez encore si vous le pouvez!

Et il sauta en selle et remit son cheval au galop.

Mais, ô miracle! les chiens se relevèrent et se mirent à marcher sur leur moignons sanglants, et ils se reprirent à hurler de plus belle :

Le seigneur Conrad est un assassin !

Seulement ils allaient lentement, et comme s'il eût voulu les attendre, le cheval cessa de galoper, se montra rebelle à l'éperon, et prit un petit trot raccourci, si bien que les chiens purent le suivre.

Au matin suivant, le cheval s'arrêta; il avait couru vingt-quatre heures; et comme le cheval s'arrêtait, les chiens se turent.

Le châtelain vida lourdement les arçons. Il était mort!

Les chiens ressuscités et le cheval s'en retournèrent alors par où ils étaient venus.

Les chiens étaient devenus bassets, et le cheval allait au pas.

Seulement, lorsqu'ils eurent repassé les Vosges, *ils* prirent la route de Saverne, et s'en allèrent tout droit au manoir de leur ancien maître, le chevalier assassiné.

La veuve du croisé leur ouvrit elle-même la porte; elle-même elle conduisit le cheval à l'écurie, et les chiens au chenil.

Les moignons de ceux-ci s'étaient cicatrisés et des pieds leur avaient poussé.

Le cheval mourut très-vieux; les chiens s'accou-
plèrent, car il y avait un chien et une chienne, et la
race des bassets vint au monde.

Je ne vous garantis pas l'authenticité de cette
histoire; c'est une légende que j'ai lue, traduite de
l'allemand, et si fabuleuse qu'elle soit, elle tend cependant à prouver un fait vrai, c'est que le chien
basset est celui qui chasse le plus patiemment et
avec le moins de *défauts*.

Maintenant surtout, qu'on chasse beaucoup à
pied, le basset rend d'immenses services.

Sa lenteur est une qualité précieuse, car elle
permet au gibier de se faire *tourner* comme on dit,
au lieu de prendre un *grand parti*.

Si vous voulez tuer, chassez avec des bassets.

Devant eux, un chevreuil s'amusera pendant deux
ou trois heures à se faire battre dans un buisson.

Il ne les prendra point au sérieux, ces petits chiens
qui courent dans l'herbe au petit trot, et semblent
vouloir jouer avec lui.

Si le bois est coupé de grandes lignes, il s'arrêtera dans chacune, offrant un point de mire facile

au chasseur. J'ai entendu un vieux garde me dire :

Un chevreuil est perdu d'avance s'il est chassé par des bassets.

J'ai possédé longtemps une paire de ces animaux.

Le chien était blanc et griffon, la lice était orangée et à poil ras. Ils avaient même taille, même vitesse, même gorge sonore, mesurée, même flair indubitable. J'ai attaqué avec eux tout ce que chassent les grands chiens, depuis le lièvre et le lapin jusqu'au sanglier, en passant par le chevreuil, le blaireau et le renard.

Le chien s'appelait Tayaut, la chienne Bellande.

Un jour, Tayaut chassait un sanglier. Le sanglier lui fit tête. Tayaut lui sauta dessus, le coiffa et fut décousu.

Il me souvient avoir pleuré comme un enfant, et depuis lors je n'ai plus voulu de bassets.

IV

Je vous ai parlé du basset comme du chien le plus utile dans la chasse à pied.

Voici cependant un autre chien qui a bien son mérite et qui est plus communément employé.

Ce n'est pas un basset, il est plus vite; ce n'est pas un chien de meute, il est plus lent.

Il est de la taille d'un petit chien d'arrêt; son pelage varie du blanc au noir, du *rumoneau* à *l'orange.*

Depuis que la chasse à courre est circonscrite dans quelques départements de l'est, du centre et de l'ouest; depuis que les céris de Saintonge et les grands chiens de Vendée deviennent de plus en plus rares, celui-là se multiplie au contraire.

Je veux parler du *briquet*.

Il n'est point d'une espèce différente; il a les mœurs, les habitudes, les vaillances du chien de meute, seulement il est plus petit, moins *gorgé*, partant plus lent, mais non moins sûr.

On prend souvent des briquets quand on a *équipage*, pour en faire des *chiens de change;* et tout chasseur vous dira que le chien de change devient à peu près fantastique aujourd'hui.

Le briquet est au chien de meute ce que le poney-chaise, attelé d'un cheval unique, est au grand phaéton, enlevé par deux trotteurs irlandais.

C'est le chien de tout le monde, le vôtre, le mien.

Tel qui recule devant la possession de quatre grands chiens, se laissera aller à posséder six briquets.

Le chasseur modeste, qui n'a point encore *abordé* le bâtard anglais, ce chien à la voix glapissante, a généralement deux ou trois briquets.

Le briquet chasse tout, depuis le lièvre jusqu'au sanglier; il a une spécialité, le renard. On a remarqué le goût prononcé de tous les chiens pour le renard; et quand on veut avoir une bonne meute, il ne faut pas s'en servir pour chasser la bête puante. Une fois adonnés à ce genre de chasse, vos chiens abandonneront tout pour *donner* à pleine gueule sur le renard.

Le briquet pousse le goût du renard jusqu'au fanatisme. Aussi les Anglais, qui ont pour cette chasse une vocation toute particulière, sont-ils grands admirateurs du briquet.

Il y a quatre ou cinq ans, je chassais, un matin, en Bourgogne, avec deux de mes voisins de campagne, dans un petit bouquet de bois d'une dizaine d'arpents.

Nous avions huit chiens qui, depuis une demi-heure donnaient à pleine gorge sans pouvoir faire débucher l'animal chassé.

Ces messieurs pariaient pour un lièvre; je pariai pour un renard. C'en était un, en effet.

La bête se fit tourner et battre dans tous les sens; ce ne fut qu'au dernier moment, et après avoir épuisé toutes ses ruses, qu'elle se décida à *percer*, comme on dit, et à prendre la plaine.

Au moment où elle sortit du bois, je l'avais à vingt pas, et je fus tenté d'en finir avec une charge de double zéro.

Cependant j'eus la force de résister à la tentation.

C'était un magnifique renard gris cendré, de haute taille, et qui se mit à détaler au grand trot.

Les chiens le serraient de près.

— Pourquoi donc n'avoir pas tiré? me demanda J. de M..., l'un de mes deux compagnons.

— Parce que je veux me donner la satisfaction de le voir courre une heure ou deux. Vous verrez que les chiens le prendront.

— Oui, s'il n'a pas le temps de gagner le bois de Fontenay.

Nous nous trouvions à près de deux lieues de toute forêt, et nous avions devant nous une vaste plaine à peu près inculte.

Tout chasseur de bois a dans les veines un peu de ce sang des vieux batteurs d'estrade du moyen âge, desquels nous est venu le proverbe : *Courir comme un dératé.*

Nous nous mîmes à courir, et comme nous savions d'avance par où prendrait le renard, nous filâmes en ligne droite devant nous, tandis qu'il faisait, lui, de nombreux zigzags.

Nos huit chiens chassaient avec un ensemble parfait. On les eût couverts, au passage, avec un manteau; on n'entendait plus qu'un coup de voix.

Le renard était à dix pas devant eux, maintenant toujours sa distance.

— Je parie qu'ils vont le prendre? me dit Julien de J..., mon deuxième compagnon.

— Et moi, répondis-je, je soutiens qu'il en a pour une heure encore. Vingt francs pour le renard !

— Tenus ! me dirent à la fois mes deux compagnons.

A un quart de lieue devant nous, je trouvais un village, Mailly.

A la porte de ce village, qui possède encore des débris de remparts, se trouve une vaste mare.

Le renard et les chiens avaient pris sur nous une grande avance; mais, grâce à la plaine, nous ne les avions point perdus de vue.

Tout à coup, le renard, qui filait directement sur le village, se jeta dans la mare et voulut la traverser à la nage.

Il y avait cent à parier contre un que les chiens se jetteraient à l'eau et le suivraient.

Eh bien! il arriva tout le contraire. Aucun des briquets ne mit le pied à l'eau; seulement la petite

meute se sépara brusquement en deux parties, et,
comme un régiment commandé par un chef habile,
elle se déploya sur les bords de la mare, de telle façon que lorsque le renard atteignit le bord opposé,
il se trouva face à face avec un des chiens, et fut
obligé de rétrograder et de se remettre à la nage.

Il nagea d'abord à droite, puis à gauche, puis en
avant, puis en arrière.

C'était peine perdue pour lui. Partout il trouvait
un briquet la gueule béante et l'œil sanglant.

Et cela dura si longtemps, que nous eûmes le
temps d'arriver et d'assister à cette étrange agonie.

Le renard nagea pendant près d'une heure; puis
ses forces s'épuisèrent petit à petit.

Alors les chiens se jetèrent à l'eau en hurlant, et
tombèrent sur lui de tous côtés.

Un moment il y eut comme une lutte vivante au
milieu de la mare; puis les chiens se dispersèrent
de nouveau et regagnèrent le bord.

Ils avaient noyé le renard, et venaient de me faire
perdre vingt francs!

UNE CHASSERESSE

SOUS LOUIS XV

I

Fontarey est un charmant petit castel de la renaissance, bâti à mi-côte, non loin de la mer, dans cette
riche vallée d'Auge dont s'enorgueillit tout Nor-
mand bien né.

De bonnes terres, de vastes prairies, une forêt,
un vieux parc, un écusson à demi effacé, de gueules
aux merlettes d'or, une manière de pont-levis dont
les chaînes rouillées ne fonctionnent plus aujour-
d'hui, se réunissent pour dire sa splendeur passée.

Une seule chose fait défaut à ce manoir seigneu-
rial, un descendant de ses anciens maîtres. C'est un
fief tombé en quenouille depuis tantôt un siècle et
demi, et son possesseur actuel est un honorable né-
gociant rouennais qui a établi tout auprès une fila-
ture de coton.

Peu nous importe, du reste, car notre histoire
remonte au siècle dernier.

Le marquis de Fontarey, cornette aux gardes-du-
corps, fut tué, à l'âge de vingt-neuf ans, le soir de
la bataille de Fontenoy, cette grande journée com-
mencée par une déroute et finie par une victoire.

Le marquis était déjà veuf, et sans doute il se fût
remarié, car il n'avait pas d'enfant mâle, ce à quoi,
en bon gentilhomme, il devait nécessairement tenir.

Malheureusement, un boulet, qui passa à la droite
du maréchal de Saxe, atteignit M. de Fontarey en
pleine poitrine, et mademoiselle Herminie de Fontarey, alors âgée de huit ans, dut renoncer à devenir
plus tard chanoinesse, comme sa tante, madame
d'Albermont, qui vint s'établir au castel, et se chargea de l'éducation de l'orpheline.

Mademoiselle de Fontarcy avait un oncle mater-
nel, le baron de Gignac, qui commandait le régiment de Royal-Cravate, alors éloigné de France
et guerroyant en Allemagne depuis tantôt dix années.

Bien que chargé de la tutelle de sa nièce, il pensa
que le service du roi passait avant ses devoirs de
famille, et il écrivit à madame d'Albermont une
longue épître dans laquelle il lui recommandait
chaudement sa pupille, et s'en rapportait entière-
ment à elle pour les soins de l'éducation à donner à
mademoiselle de Fontarcy.

La chanoinesse était une charmante femme, parfaitement extravagante, sachant par cœur les romans de mademoiselle de Scudéry, regrettant tous
les jours, avec une naïve sincérité, les temps cheva-
leresques de la Table-Ronde et des croisades, faisant ses délices de l'*Orlando furioso*, enviant le sort
de la vaillante Marphise, et se donnant le luxe d'un
écuyer qui, le dimanche, la suivait à cheval, armé
de toutes pièces, à l'église paroissiale de Fontarcy.

Il arrivait même quelquefois que madame d'Albermont, après l'émouvante lecture d'un roman de chevalerie, tel qu'*Amadis de Gaule* ou les *Aventures d'Esplandian*, oubliait complétement qu'elle vivait sous le règne de Louis XV le Bien-Aimé, l'âge des paniers, des mouches et de la poudre.

Alors elle se levait au milieu de la nuit, ordonnait qu'on sonnât du cor, mettait sur pied tous les domestiques du château, et les armait de hallebardes émoussées et de vieilles cuirasses, pour résister dignement à quelque voisin félon énamouré du manoir de Fontarey, et disposé à le *conquester* nuitamment.

Les hallucinations de la chanoinesse s'évanouissaient d'ordinaire avec les premiers rayons du matin, et elle se mettait au lit, se moquant d'elle-même, mais se gardant bien d'en convenir devant mademoiselle de Fontarey, à qui ces prises d'armes fréquentes paraissaient toutes naturelles.

D'ailleurs, comme il se mêle toujours un côté sérieux aux plus étranges folies, madame d'Albermont avait fini par envisager cette éducation romanesque et guerrière qu'elle donnait à sa nièce,

comme la chose la plus naturelle et la plus raisonnable du monde.

Herminie était la dernière de sa race; elle devait
donc porter son nom avec la haute mine et la vigueur d'un homme.

La chanoinesse se souvenait d'un roman italien
dans lequel elle avait lu que le roi Louis XII avait
donné une commission de capitaine à une demoiselle de Montaigu, et l'avait autorisée à conserver
son nom et à le transmettre à ses enfants si elle se
mariait.

Or, pour madame d'Albermont, il allait sans dire
que le roi Louis XV imiterait le roi Louis XII, et
commissionnerait d'une compagnie mademoiselle de
Fontarey lorsqu'elle aurait atteint dix-huit ans.

Ce point de départ bien arrêté dans son esprit,
la vénérable chanoinesse éleva Herminie en consé-
quence. Les rouets et les métiers à broder furent
soigneusement exclus du château; en revanche, un
maître d'armes et un écuyer y furent installés. Mademoiselle de Fontarey apprit à tirer l'épée, à monter à cheval, à couper d'un coup de pistolet la corde

qui retenait un pigeon captif; elle eut la plus vaillante meute de la province, et elle se tira avec honneur de certaines randonnées périlleuses où le sanglier faillit la découdre.

Cependant, comme madame d'Albermont était
femme, c'est-à-dire défiante, qu'elle n'avait pas une
confiance illimitée dans l'approbation du colonel de
Royal-Cravate, qui pouvait fort bien ne point partager sa manière de voir à l'endroit des jeunes filles
héritant fiefs, comme on disait alors, elle jugea prudent de ne pas le tenir au courant des études de sa
pupille. Si bien que l'honnête officier, revenant un
beau jour du fond de la Bohême et rentrant en
France, se dirigea vers le manoir de Fontarey,
après avoir acquis à Paris un trousseau de belles
robes et plusieurs écrins de prix, qu'il destinait
naïvement à une jeune fille un peu timide, qui le
recevrait les yeux baissés, et rougirait bien fort
lorsqu'il lui aurait parlé de mariage.

Ici commence notre histoire.

II

Sept heures sonnaient à la grande horloge du château de Fontarey, horloge que la chanoinesse, dans son tendre et respectueux amour du moyen âge, avait fait placer dans l'ancien beffroi.

On était alors en plein mois de septembre, le mois tiède et parfumé entre tous. La vallée était verte encore, les bois ombreux; la vigne sauvage qui encadrait les ogives du manoir empruntait un reflet doré aux dernières lueurs du couchant.

Au bout de l'horizon, on entendait le clapotement

de la mer, et, plus près, dans les forêts qui s'éten-
daient jusqu'aux falaises, la voix enrouée et affaiblie
d'une meute *buvant* un dix cors.

La chanoinesse était seule au manoir, assise au
coin d'un feu prématuré, les pieds posés sur un
coussin de brocart, la tête inclinée sur l'oreillette
gauche d'une bergère à la Mazarin, l'œil tout rêveur
et parcourant lentement les arabesques du plafond
et les dessins hiéroglyphiques d'une fresque repré-
sentant la tentation de saint Antoine.

Un livre entr'ouvert était placé à côté d'elle ; —
c'étaient les aventures d'Amadis, et la chanoinesse
était arrêtée à cet endroit intéressant où le héros
des Gaules pénètre dans la grotte de la fée d'Ur-
gande.

— Quels hommes ! quels preux ! murmurait-elle,
tout en promenant son regard distrait de la fresque
au plafond. Ah ! ce siècle était le plus beau des siècles !

Un bruit qui se fit dans la cour du manoir vint
rompre brusquement le fil des réflexions de madame
d'Albermont et l'arracha à sa rêverie.

On entendait des claquements de fouet, des grincements de roues, et cette rumeur vague qui indique l'arrivée d'une chaise de poste.

Presque au même instant la porte s'ouvrit et l'intendant de la chanoinesse parut sur le seuil :

— Monsieur le baron de Gignac, annonça-t-il.

Madame d'Albermont se leva vivement et comme éveillée en sursaut. Le nom de son frère l'arrachait aux magies du roman pour la faire descendre sur la terre.

— Ah! fit-elle avec amertume, le colonel de Royal-Cravate?

— Moi-même, madame ma sœur, répondit le baron apparaissant derrière l'intendant.

La chanoinesse jeta, en soupirant, son cher volume dans un coin, et s'avança vers son frère, qui lui ouvrit ses bras et l'y pressa tendrement.

Le baron était un digne homme, tout guilleret et tout rond, brave et léger, malgré ses cinquante ans, un peu gros, la mine fleurie, l'œil vif, le sourire moitié bienveillant, moitié narquois, — les façons aisées et un peu dédaigneuses du grand seigneur, l'allure martiale et délibérée du soldat.

— Palsambleu! dit-il en entraînant la chanoinesse au coin du feu, je suis tout ravi de vous voir, ma chère sœur, et je vous retrouve assez jeune et assez jolie pour oublier ma foi! que voici quinze années tantôt que je cours le monde loin de vous.

— En vérité! minauda la chanoinesse, qui tenait, par un reste de coquetterie, à ne point énumérer brutalement le chiffre des années, je crois que vous exagérez, mon frère...

— Nullement : je n'y ajoute pas une semaine; il y a bien quinze ans! Vous aviez trente ans, certes oui, ma sœur, lorsque le roi me confia Royal-Cravate, ce qui fait, — disons-le bien bas, — que vous en avez quarante-cinq; et, par Dieu! vous ne les portez pas, je vous le jure.

— Vous venez de Versailles? interrompit sèchement la chanoinesse.

— Sans m'arrêter, madame ma sœur. Le roi a bien voulu me donner un mois de congé, et je le veux passer tout entier auprès de vous et de notre chère Herminie. Mais où donc est-elle, mon Dieu?

— Elle ne peut tarder à rentrer, répondit hypo-
critement la chanoinesse.

Le colonel présuma que mademoiselle de Fontarey
était dans le parc avec sa gouvernante, et y respirait
l'air du soir en attendant la cloche du souper; —
peut-être encore, pensa-t-il, était-elle allée dans les
environs faire des aumônes; — toujours est-il qu'il
n'insista pas et reprit :

— Savez-vous, madame ma sœur, que les bois
d'alentour sont superbes et d'une belle venue? J'en
ai traversé une partie tout à l'heure, et j'y ai entendu une fanfare vaillamment sonnée. A qui donc
avez-vous permis de chasser ainsi sur nos terres?
Avez-vous des voisins si aimables qu'il leur soit
facultatif de courir les chevreuils et les daims de
Fontarey?

La chanoinesse éprouva un moment d'embarras.

— Je n'ai accordé, dit-elle, aucune permission de
ce genre.

— Alors, fit brusquement le colonel, on braconne
sur vos terres, palsambleu!

9.

— Mais... mon frère...

— Pardieu! j'en suis bien certain, madame, et,
tenez, tandis que je m'engageais dans la grande
avenue de chênes qui conduit au parc, j'ai aperçu un
grand beau garçon, ma foi! qui traversait la futaie
au galop d'un cheval de race, et il le maniait en
gentilhomme, croyez-le bien.

— Monsieur, balbutia la chanoinesse, ce beau
garçon n'avait-il point une veste de chasse en ve-
lours bleu?

— Précisément.

— Une casquette de cuir?

— A longue visière, comme les Anglais.

— Et son cheval?...

— Son cheval était noir, avec une étoile blanche
au front.

— C'est notre nièce, avoua la chanoinesse en
rougissant.

M. de Gignac fit un soubresaut sur son siége en
regardant sa sœur:

— Êtes-vous folle? s'écria-t-il.

— Nullement, mon frère.

— Ainsi, ce chasseur qui sonnait à pleins poumons... qui courait ventre à terre, l'éperon aux flancs de sa monture... c'était...

— Herminie, répondit résolûment madame d'Albermont, qui avait fini par s'enhardir.

— Corbleu! madame, exclama le colonel, vous me la baillez belle, en vérité, et voilà, pour une jeune fille élevée par une chanoinesse, une singulière éducation?

— Monsieur, objecta madame d'Albermont avec calme, vous oubliez le nom que porte Herminie.

— Comment l'entendez-vous?

— Quand on se nomme Fontarey, il est bon d'avoir une éducation virile. Il est assez naturel qu'Herminie ait appris à monter à cheval et qu'elle aime la chasse. L'histoire nous fournit l'exemple de mille faits analogues. Pendant les trêves fréquentes qui eurent lieu entre les Sarrasins et les Croisés, la vaillante Clorinde chassait à l'épieu; Marphise, la sœur des quatre fils Aymon...

— Cornes de cerf! murmura le colonel, puisque vous citez de si beaux modèles, pourquoi n'avez-vous point donné un maître d'armes à ma nièce?

— Pardon, dit la chanoinesse avec orgueil, elle en a un.

M. de Gignac fut tellement abasourdi de cette réponse, qu'il ne trouva ni un mot ni un geste à lui opposer. Alors, encouragée par ce silence qui lui parut une approbation, madame d'Albermont se prit à développer, avec sa verve et son esprit enthousiastes, ses théories à l'endroit de la chevalerie, ses projets relatifs à la commission de capitaine de cavalerie, et elle entremêla son discours de citations empruntées à ses auteurs favoris, citations qui vinrent si heureusement à propos, que M. de Gignac finit par se lever et secoua le gland de soie d'une sonnette.

L'intendant de Fontarey se présenta aussitôt.

— Maître Joseph, lui dit le baron, montez à cheval, courez à Caen et ramenez-moi un médecin.

— Pourquoi? demanda la chanoinesse étonnée.

— Pour savoir, dit froidement le baron, s'il est un remède à la folie.

La chanoinesse haussa les épaules.

·— Mon frère, pensa-t-elle, est le plus vulgaire des hommes !

Presque au même instant on entendit, dans la cour, le pas d'un cheval et la voix des chiens que les valets couplaient et sanglaient de coups de fouet.

— Voici Clorinde, grommela ironiquement le colonel.

En effet, peu après, mademoiselle de Fontarey entra au salon. C'était une belle jeune fille de vingt ans, qui en paraissait quinze à peine sous ses vêtements masculins. Taille moyenne, cheveux blond cendré, lèvres roses, œil bleu, formes délicates : telle était, au physique, cette enfant dont sa folle tante voulait faire un capitaine de dragons.

Mademoiselle Herminie de Fontarey, si elle avait les mœurs d'une amazone, n'en avait nullement la taille et le physique.

Elle salua son oncle d'un petit air délibéré, et jeta négligemment sur un dressoir sa cravache, ses gants de buffle et sa trompe.

Le brave colonel n'en revenait pas de surprise,

il se demandait sérieusement s'il n'était pas le jouet d'un rêve.

— Ma chère enfant, dit-il enfin à Herminie, je vous fais compliment sur la tournure que vous donne ce costume de chasse, qui, du reste, vous sied à ravir.

Herminie s'inclina.

— Cependant, poursuivit le colonel, je suis persuadé que vous n'en accepterez pas avec moins de plaisir les ajustements que je vous ai rapportés de Paris. C'est la camérière de madame de Villeroy qui s'est chargée de leur confection, et madame de Pompadour, qui veut bien me tenir de ses amis, a choisi elle-même chez les joailliers Bœhmer frères les bagues et les boucles d'oreilles de cet écrin.

Et le baron tira des basques de son habit une boîte en maroquin rouge qu'il ouvrit sous les yeux de la jeune fille.

Herminie regarda dédaigneusement les joyaux et dit à son oncle :

— A quoi bon tous ces colifichets?

— Ils vous siéront merveilleusement, ma chère

nièce, lorsque vous aurez revêtu la robe à panier couleur pensée et le caraco cerise à basques de malines que je vous ai destinés.

— Une robe! exclama Herminie indignée.

— A moins, dit froidement le colonel, que vous ne comptiez vous marier en culotte, veste longue et talons rouges.

— Me marier!

— La marier! s'écrièrent en même temps la chanoinesse et Herminie, au comble de la stupéfaction.

— Dame! fit le colonel, vous avez dix-huit années tantôt, mon enfant.

— Je le sais, mon oncle.

— Trente mille livres de rente...

— Peuh! fit nonchalamment Herminie, qui se souvenait que les amazones de la chevalerie s'en allaient errant et sans feu ni lieu.

— Le plus beau manoir de la Basse-Normandie, poursuivit le colonel impassible, et je vous ai trouvé un mari charmant.

A ce mot de mari, Herminie porta instinctivement

la main à son couteau de chasse, et la chanoinesse
. songea sérieusement à s'évanouir.

— Monsieur, dit mademoiselle de Fontarey, vous
oubliez que je suis la dernière de ma race.

— Après? fit M. de Gignac.

— Et que le roi me doit une commission de capitaine.

— Tout beau, mademoiselle, votre mari sera capitaine en votre lieu et place. C'est un gentilhomme
accompli de naissance et de figure. Trente ans,
brun, svelte, fort brave, l'œil bleu, une réputation
de mauvais sujet qui tourne la tête aux dames de la
cour, toujours régulièrement poudré et galamment
vêtu, officier dans Royal-Cravate, riche, un peu vicomte, dansant le menuet à ravir, notre parent
éloigné, et ayant hérité de sa tante, l'abbesse de
Ponlandry, d'une recette précieuse pour confectionner la gelée d'abricots et les confitures de noisettes
au jus de cerises. Je l'attends ici sous huit jours, il
vous épousera dans le mois, et vous serez présentée
à Versailles avant Noël.

Mademoiselle de Fontarey avait écouté froidement

le verbiage rempli d'entrain du colonel ; lorsqu'il eut fini, elle recula d'un pas, et le regarda en face :

— Monsieur, lui dit-elle, les soins que vous prenez de mon bonheur me touchent fort, mais je dois vous déclarer qu'ils sont inutiles ; je ne veux pas me marier, et je veux servir le roi, au lieu de faire de la tapisserie.

— Plaît-il ? fit le colonel.

— La dernière Fontarey n'est point une femme, je vous le jure. Elle se nomme dès aujourd'hui le chevalier de Fontarey.

— Le titre est ingénieux, en vérité.

— Mais vous n'y songez pas, monsieur, quand vous me parlez de mariage. Me marier ! épouser un fat qui se poudre et fait des confitures ! Un singulier mari que vous me proposez là !...

Ah ! continua mademoiselle de Fontarey en s'exaltant, si jamais je songeais à un mari...

— Tiens ! dit railleusement le baron, vous allez me dire peut-être comment vous le choisiriez ?

— Certainement, monsieur. Je ne consentirais à subir la domination d'un homme que si cet homme

était un de ceux dont le regard et le geste fascinent,
devant lesquels s'inclinent les plus vaillants, un de
ces hommes exceptionnels enfin, héros ou bandit,
chevalier redresseur de torts ou chef de brigands à
l'existence aventureuse, qui a su se placer en dehors des lois mesquines qui régissent notre siècle
dégénéré.

— Par la sambleu! s'écria le colonel, ceci est
merveilleux! si je tiens à marier ma nièce, il me
faudra lui chercher un Mandrin quelconque.

— Mandrin était un héros, riposta fièrement mademoiselle de Fontarey.

Alors, la chanoinesse, qui, depuis quelques in-
stants, gardait le silence, cita fort à propos l'histoire
d'un bandit calabrais qui avait failli devenir roi des
Deux-Siciles après avoir inspiré une passion violente à la princesse héritière de Souabe, et elle
s'attendrit jusqu'aux larmes au souvenir des malheurs de ce héros.

III

« — Holà! cria l'ange des ténèbres, holà! châ-
« telaine de Holdengrasburg, recommandez donc à
« vos enfants d'éclairer un peu mieux leur manoir
« quand vient la nuit. Cette absence de lumière vient
« de coûter à votre époux sa part de paradis, car un
« gentilhomme qui parjure son serment est damné
« et m'appartient de droit!

« Et Satan enfonça l'éperon aux flancs de son che-
« val, qui laissa le manoir à gauche et s'enfonça
« sous les hautes futaies de la forêt voisine; sa course

« devint si rapide que mon aïeul fut asphyxié en
« quelques minutes, et que le diable l'emporta
« mort en enfer.

« — Voilà pourquoi, me dit en riant le comte de
« Holdengrasburg, de peur que jamais le châtelain
« vivant ne fasse vœu de silence, et ne soit tenté de
« se parjurer ensuite, on illumine le château tous
« les soirs lorsqu'il est absent.

« Nous touchions aux portes du manoir au mo-
« ment où le jeune homme achevait.

« Il sonna du cor. Une légion de serviteurs en
« livrée rouge se précipita dans la cour et vint à
« notre rencontre.

« Le comte me tint galamment l'étrier pendant
« que je mettais pied à terre, puis il m'introduisit
« dans l'intérieur du château, qui était d'une fas-
« tueuse opulence.

« Quelques minutes après, j'étais à table en face
« de mon hôte, faisant honneur à son souper déli-
« cat, buvant des vins exquis, et enchanté de l'es-
« prit et des grandes façons du comte, qui me pa-
« raissait être un homme du meilleur monde.

« — Mon cher hôte, me dit-il après le souper et en
« me conduisant dans ma chambre, vous êtes las
« et il serait discourtois de prolonger votre veillée;
« mais, demain, je compte vous éveiller de bonne
« heure, je veux vous faire assister à une chasse ma-
« gnifique.

« Je m'inclinai. Il me laissa aux mains de mon
« valet de chambre, et je ne tardai point à m'en-
« dormir, après avoir prudemment posé mon épée
« sous mon chevet et mes pistolets, à portée de la
« main, sur un guéridon. J'avais peut-être un peu
« trop bu, et à coup sûr j'étais très-fatigué : je dor-
« mis jusqu'au lendemain d'une seule traite, et je
« ne fus éveillé que par les premiers rayons du soleil.

« En ouvrant les yeux, deux circonstances bi-
« zarres me frappèrent d'étonnement.

« Mon valet, à qui l'on avait dressé un lit de camp
« dans ma chambre, n'était plus là, non plus que le
« lit de camp, et les pistolets que j'avais placés la
« veille sur le guéridon avaient disparu.

« Je portai instinctivement la main à mon chevet
« et j'y cherchai mon épée...

« Mon épée n'y était plus !

« Alors, soupçonnant une trahison, je secouai vio-
« lemment un cordon de sonnette et j'appelai en
« même temps.

« Presque aussitôt la porte s'ouvrit et je vis en-
« trer le comte lui-même.

« — Bonjour, monsieur le baron, me dit-il;
« comment avez-vous dormi?

« — A merveille, mon cher hôte, mais...

« — Vous paraissez inquiet...

« — En effet... mon valet de chambre...

« — Il est aux cuisines, il déjeune.

« — Mes pistolets...

« — Mon domestique les nettoie, ils étaient rouil-
lés.

« — Mon épée...

« — Je l'ai fait enlever de dessous votre oreiller,
« de peur que vous ne vinssiez à vous blesser en
« dormant. Cela s'est vu, mon Dieu!

« Je regardai le comte, il souriait d'un air mo-
« queur.

« — Monsieur, lui dis-je, ne serait-ce pas plutôt
« que vous auriez eu l'intention?...

« — Allons ! fit-il, continuant à sourire, je le
« vois bien, il faut vous l'avouer, vous êtes mon
« prisonnier.

« — Prisonnier ! m'écriai-je, prisonnier de
« guerre?

« — Oh ! non pas, je ne m'occupe pas de poli-
« tique.

« — Qui donc êtes-vous alors? exclamai-je.

« — Hier, j'étais le comte de Holdengrasburg,
« et je vous ai même raconté certaine légende de
« ma composition qui, je le crois, a quelque mé-
« rite. Je m'occupe de littérature à mes moments
« perdus. Hier donc, je m'appelais le comte de Hol-
« dengrasburg, permettez-moi aujourd'hui de re-
« prendre mon véritable nom : je suis Michaël !

« — Michaël ! m'écria-je, Michaël le bandit !

« — Pour vous servir, monsieur le colonel de
« Royal-Cravate, fit-il avec courtoisie.

« Or, ma chère sœur, pour vous donner une idée
« de l'effroi que j'éprouvai à ce terrible nom, il faut

« que je vous dise ce qu'est Michaël, le chef de bri-

« gands, au moral et au physique. »

Décidément, fit la chanoinesse en s'arrêtant et
regardant Herminie, notre siècle a encore du bon,
et le chef de bandits n'est point un mythe. Pour-
suivons.

IV

« Michaël, poursuivit M. de Gignac dans sa let-
« tre, est la terreur de l'Allemagne tout entière.

« Aucune existence humaine n'avait été jusqu'ici
« plus remplie d'actions d'éclat et de crimes gran-
« dioses, mélangée de férocité et de généreux in-
« stincts. Né sur les marches d'un trône, il a dû à la
« fatalité seule cette vie de rapines et d'infamie à
« laquelle il est condamné désormais.

« Il est le frère jumeau d'un prince souverain al-

« lemand. Victime de l'ambition de son frère, Mi-
« chaël fut un jour surpris dans son lit, garrotté et
« enfermé dans un sombre cachot. Cela se passait
« du vivant de son père, alors régnant ; lorsque
« Michaël fut rendu à la liberté, son père était
« mort, son frère régnait, et on lui contesta jusqu'à
« son nom et sa qualité de fils de souverain. Il
« avait passé dix ans en prison : pendant ce temps,
« on avait fait courir le bruit de sa mort, en sorte
« que, lorsqu'il reparut, nul ne voulut le recon-
« naître.

« Michaël s'adressa successivement à tous les
« princes voisins, leur demandant justice et appui.
« Aucun ne lui prêta assistance, — partout on le
« traitait d'aventurier.

« Alors cet homme foulé aux pieds, bafoué, traîné
« dans la boue du mépris, se redressa ; il était brave,
« audacieux, la haine emplissait son cœur ; il rem-
« plaça son épée par un poignard, et s'écria :

« — Ah ! on me conteste mon nom , on me refuse
« mon royaume et jusqu'à ma part d'héritage. Eh
« bien ! je me ferai un nom au bruit duquel on trem-

« blera, je me taillerai un royaume dans le royaume
« de tous.

« Et il tint parole.

« Depuis dix années, si une ville allemande est
« attaquée de nuit, incendiée et pillée, — c'est Mi-
« chaël et sa bande qui passent par là ! — Si un
« prince, voyageant avec une faible escorte, est ar-
« rêté et dévalisé, c'est Michaël. — Si une de ces
« vastes forêts qui couvrent le sol de la Bohême
« s'embrase un soir, et éclaire de sa flamme gigan-
« tesque les ténèbres de la nuit, c'est Michaël, tou-
« jours Michaël !

« Au physique, Michaël est un charmant cavalier.
« Grand, bien pris, nerveux et souple, il a un visage
« souriant et distingué, une fine moustache noire
« au bord de la lèvre, une magnifique chevelure
« bouclée qui tombe sur ses épaules. Son pied et sa
« main sont d'une admirable petitesse. Il monte à
« cheval comme le roi Louis XV ; il tire l'épée comme
« feu Henri III.

« Au milieu de son existence de bandit, il a con-
« servé les hautes façons et la courtoisie d'un grand

« seigneur. Mais cette apparence est trompeuse :
« Michaël est implacable dans ses haines, il est in-
« exorable dans ses résolutions.

« Or, vous allez voir, ma chère sœur, quelle abo-
« minable chose il a résolue à mon endroit.

« — Mon cher colonel, me dit-il en s'asseyant
« dans un grand fauteuil placé près de mon lit, je
« viens de vous le dire, je ne m'occupe pas de poli-
« tique, et c'est pour un tout autre motif que je vous
« retiens prisonnier.

« — Je crois le deviner, fis-je avec dédain.

« — Je ne pense pas, baron.

« — Vous voulez me mettre à rançon ? Parlez,
« combien m'estimez-vous ?

« — Fi ! monsieur.

« — Supposeriez-vous que je ne sois pas assez
« riche pour me racheter ?

« — Nullement.

« Michaël parlait avec calme ; tout brave que je
« suis, j'eus peur.

« — Figurez-vous, mon cher baron, reprit-il, que
« l'année dernière, je suis allé à Versailles.

« — Ah ! fis-je étonné.

« — Que voulez-vous ? je n'avais jamais vu la
« cour de France et j'en désirais avoir le cœur net.
« Je laissai mes ordres et mes instructions, et je
« partis.

« On me présenta au roi Louis XV sous ce même
« nom de Holdengrasburg que je me donnais hier.
« Le roi me fit fort bon accueil, les dames pareille-
« ment. Quelques diamants cousus à mon habit
« m'acquirent l'estime générale. Les financiers, qui
« commençaient à être nombreux en France, me pro-
« posèrent diverses opérations d'argent que je crus
« devoir refuser ; un grand seigneur aux trois quarts
« ruiné, le duc d'O..., espérant m'emprunter plus
« tard deux ou trois cent mille livres, m'invita à
« aller courre un cerf dans sa terre de Normandie.
« J'acceptai cette dernière offre, et nous partîmes.
« Le duc d'O... est voisin de terre de la chanoi-
« nesse d'Albermont, votre sœur, et de votre nièce,
« mademoiselle de Fontarcy, par conséquent.

« J'aperçus un jour mademoiselle Herminie à la
« chasse, dans l'épaisseur d'un taillis, et sa Leauté

11

« me frappa à ce point que j'en demeurai tout saisi
« et immobile, et qu'elle passa près de moi sans
« m'apercevoir. Depuis ce jour je fus amoureux fou
« de mademoiselle de Fontarcy, amoureux à ce point
« que je me jurai de vous avoir vivant entre mes
« mains, et de ne vous rendre votre liberté que
« lorsque vous m'auriez permis de l'épouser.

« Or, ajouta le bandit avec un abominable sou-
« rire, vous savez si je me tiens parole et si je re-
« nonce jamais à exécuter mes projets.

« — Monsieur, m'écriai-je indigné, ce que vous
« me demandez là est impossible.

« — Vous savez bien, répondit-il en riant, que
« le maréchal de Villars prétendait que le mot *im-*
« *possible* n'était pas français.

« — Il le sera.

« — Je n'en crois rien.

« — Savez-vous, monsieur, ce qu'est ma nièce ?

« — Je le sais : une amazone qui fait fi du ma-
« riage, tient à conserver son indépendance, méprise
« les hommes et tire l'épée comme un preux.

« — Vous l'avez dit.

« — Aussi, poursuivit le bandit, riant toujours,
« je ne prétends épouser mademoiselle de Fontarey
« qu'après l'avoir vaincue.

« — Comment l'entendez-vous ?

« — Mademoiselle de Fontarey sera libre de ne
« point m'épouser et de vous emmener avec elle si
« elle me bat les armes à la main.

« — Un duel !

« — Mon Dieu ! cela s'est vu.

« — Et où donc ? demandai-je, où donc a-t-on
« vu un homme et une femme croiser le fer ?

« — D'abord, monsieur, mademoiselle de Fonta-
« rey n'est point une femme, c'est une héroïne.

« — Vous avez raison.

« — Ouvrez l'Arioste, vous y verrez Marphise
« combattant Renaud ; ouvrez la *Jérusalem délivrée*,
« vous y rencontrerez Clorinde aux prises avec Tan-
« crède. Tous les auteurs qui ont fidèlement narré
« les prouesses de la chevalerie sont d'accord sur
« ce point.

« — C'est juste, murmurai-je.

« — Or, reprit Michaël, vous allez écrire à ma-
« dame d'Albermont.

« — Écrire ?

« — Et vous la prierez d'accourir ici sous huit
« jours, avec mademoiselle Herminie.

« — Vous êtes fou, monsieur.

« — Pardon, fit-il avec calme, remarquez, je vous
« prie, que si ces dames mettaient un trop grand
« retard à vous obéir, il est probable qu'elles vous
« trouveraient pendu haut et court à ce grand chêne
« que vous voyez d'ici au bord de la route.

« — Je frissonnai.

« — Vous allez donc, reprit-il, écrire à madame
« d'Albermont, vous lui recommanderez une grande
« diligence, et, de plus, j'y tiens essentiellement,
« et c'est pour vous une question de vie ou de mort,
« vous l'avertirez de ne prononcer mon nom sous
« aucun prétexte pendant la route, et de se con-
« tenter, en demandant son chemin, de nommer le
« castel du Diable, c'est le nom de guerre de mon
« manoir.

« — Monsieur, répondis-je, car j'avais eu le temps

« de reconquérir mon sang-froid, ce que vous me
« demandez est impossible. Assassinez-moi, mais
« jamais...

« — Comme il vous plaira, me dit-il ; en atten-
« dant mon cher hôte, je vous ai promis une grande
« chasse, habillez-vous et me rejoignez à la salle à
« manger. Le rendez-vous est pour dix heures, à une
« lieue d'ici.

« Et Michaël me laissa aux mains de mon valet de
« chambre, qu'il m'avait rendu.

« Le pauvre diable s'était endormi dans ma cham-
« bre et réveillé aux offices. C'était là tout ce qu'il
« savait.

« Le bandit m'avait courtoisement prié de chasser
« avec lui ; d'ailleurs j'étais son prisonnier, et il ne
« fallait point songer à lui résister. Je le suivis donc
« à la chasse.

« Michaël est un veneur de mérite, il a de la
« science et du tact, il connaît parfaitement les
« mœurs et les ruses du gibier, il fait galamment
« une curée et possède les plus beaux équipages que
« j'aie jamais vus en Allemagne.

« Je suis naturellement assez insouciant, je ré-
« solus de faire contre fortune bon cœur, et m'a-
« bandonnai tout entier à cette passion favorite des
« soldats et des gentilshommes qui a nom vé-
nérie.

« Nous revînmes le soir au château, affamés et
« harassés. A dix heures Michaël prit congé de moi
« et me dit :

« — J'espère, monsieur le baron, que demain
« vous vous déciderez à écrire à madame d'Alber-
« mont.

« — Je n'en crois rien, répondis-je.

« — Peut-être... fit-il en me saluant.

« Je gagnai mon appartement et fus désagréa-
« blement surpris d'y trouver deux grands gaillards
« armés jusqu'aux dents et assis aux deux côtés de
« mon lit.

« — Mille pardons, monsieur le baron, dit l'un
« d'eux d'un ton moqueur, mais notre maître, mon-
« sieur le baron de Holdengrasburg, nous a chargés
« de veiller sur votre repos.

« — C'est-à-dire qu'il vous a chargés de m'assas-
« siner, j'imagine ?

« — Pas précisément.

« — Alors, pourquoi ces armes ?

« — Ah ! elles n'ont d'autre destination que de
« nous protéger au cas où il vous plairait de nous
« rosser d'importance.

« — Très-bien ! Votre maître est mille fois trop
« bon de s'occuper de mon repos ; mais je ne suis
« point malade, je dors fort bien tout seul, et je vous
« permets de vous retirer.

« — Pardon, monsieur le baron ne vient-il pas
« de nous dire qu'il dormait fort bien ?

« — Je meurs de sommeil.

« — C'est fâcheux, en vérité.

« — Comment, fâcheux ?

« — Hélas ! oui, car M. le comte de Holdengras-
« burg a une singulière idée.

« — Quelle est-elle ?

« — Il a pensé que la nuit portait conseil, et
« qu'on réfléchissait plus à son aise dans le silence
« et l'obscurité.

« — Ah ! fis-je étonné, et ne sachant où ils en
« voulaient venir.

« — Or, reprit mon singulier valet de chambre,
« monsieur le baron a besoin de réfléchir sur les
« fâcheuses conséquences de son refus d'écrire à
« madame la chanoinesse d'Albermont.

« — Plaît-il ?

« — Et comme monsieur le baron est harassé, s'il
« vient à s'endormir, il ne réfléchira pas..

« — J'en suis fâché, mais je dors debout.

« — Aussi avons-nous l'ordre d'empêcher M. le
« baron de dormir.

« — Qu'est-ce à dire, maraud ?

« Le drôle se leva, alla prendre une guitare sur
« un guéridon et revint.

« — J'ai un assez joli talent, me dit-il ; j'ai été
« gondolier du doge à Venise.

« — Insolent !

« — La musique porte à la mélancolie. Quand on
« est mélancolique, on réfléchit ; aussitôt que M. le
« baron fermera l'œil, je lui chanterai une romance.
« Si, malgré les doux accents de ma guitare, M. le

« baron succombait au sommeil, mon camarade,
« qui a été timbalier du pape, m'accompagnerait
« avec son instrument.

« A ces mots, l'autre coquin se leva et alla s'ar-
« mer d'une paire de timballes de taille à rendre
« l'ouïe à un sourd.

« Je me pris à frissonner, et je devinai à quel
« genre de supplice j'étais condamné. Michaël avait
« résolu de me faire mourir par la privation de som-
« meil, un supplice inventé par les Chinois, le peu-
« ple le plus raffiné en barbarie.

« J'eus cependant le courage de m'asseoir dans
« un grand fauteuil et de me résigner à y passer la
« nuit sans dormir. Il était parfaitement inutile que
« je me misse au lit.

« Je passai la plus infernale des nuits. Chaque
« fois que, vaincu par la fatigue, je fermais les
« yeux, le drôle pinçait sa guitare et entonnait une
« chanson des lagunes. Si, malgré cela, la lassitude
« avait le dessus, le timbalier se mettait de la partie,
« et alors mes oreilles sifflaient, et j'avais la fièvre.
« Cela dura jusqu'au jour.

« Au matin, le bandit entra dans ma chambre :

« — Rajustez-vous un peu, monsieur le comte,
« me dit-il, mettez vos bottes fortes, prenez votre
« cor de chasse, nous courons un loup aujourd'hui.

« Il fallut me mettre à cheval, tant j'étais las.

« Un loup a le jarret solide. Nous courûmes ce-
« lui-là toute la journée, et comme on ne force pas
« de semblables animaux, on lui campa une balle
« vers le soir.

« A dix heures, en rentrant chez moi, je trouvai
« deux autres valets de chambre assez semblables à
« ceux de la veille, avec cette différence que l'un
« était violoniste et que l'autre jouait du tambourin.

« Mon supplice recommença. Au matin, j'eus la
« fièvre et le délire, à ce point que je fis appeler le
« comte et lui dis :

« — J'écrirai, je vous en donne ma parole; mais
« laissez-moi dormir auparavant.

« — C'est trop juste, me répondit-il. Mettez-vous
« au lit; à votre réveil, vous trouverez sur ce guéri-
« don une plume et du papier.

« J'ai dormi trente heures! Maintenant il me faut

« tenir ma promesse, et je vous écris, ma chère

« sœur.

« Voyez si vous avez assez de courage pour venir

« et si notre chère Herminie se sent la force d'épou-

« ser ce monstre ou de le tuer.

« Votre frère infortuné,

« Baron de Gignac. »

Un *Post-scriptum* donnait à la chanomesse certains renseignements utiles pour le voyage qu'elle
allait entreprendre, et il lui enjoignait de partir sans
autre escorte que son écuyer, que, pour ne pas
éveiller la susceptibilité des petits États allemands,
elle ferait bien de vêtir comme un simple valet, en
le privant de sa lance et de sa cuirasse.

V

Après la lecture de cette étrange lettre, madame d'Albermont et sa nièce se regardèrent et semblèrent se consulter.

— Je tuerai ce bandit, dit enfin mademoiselle de Fontarey en posant la main sur la garde de son épée.

— Ah! chère enfant..., murmura la chanoinesse avec un sentiment de terreur profonde inspiré par la tendresse, iras-tu t'exposer à de pareils dangers?

— Je m'appelle Fontarey, ma tante.

— C'est juste.

— Et j'ai la valeur d'un homme.

La chanoinesse se souvint à propos de quelques pages d'*Amadis*, et elle calma ses premières terreurs.

Dès lors il n'y eut plus aucune hésitation chez les deux femmes; l'extravagante chanoinesse mit une incroyable célérité à préparer son départ, et, dès le lendemain, elles se mirent en route dans une bonne berline de voyage, consentant, à cause de la longueur du voyage, à faire cette petite concession au prosaïsme du siècle, et à renoncer aux blancs palefrois sur lesquels chevauchaient autrefois deux nobles châtelaines.

En trois jours elles eurent atteint les frontières allemandes; le soir du sixième jour, elles entraient en Bohême, et, quarante-huit heures après, elles atteignaient une vallée à l'extrémité de laquelle était situé le château de Holdengrasburg.

Il faut bien l'avouer, l'ardeur conquérante de nos deux héroïnes s'était quelque peu ralentie pendant la route; la chanoinesse s'était, *in petto*, accusée de légèreté, et Herminie s'était prise à songer tout bas qu'il pouvait bien se faire que sa tante n'eût pas toujours sa saine raison.

Cependant elles n'avaient échangé entre elles aucune de ces réflexions, et une bonne intelligence n'avait cessé de régner lorsqu'elles atteignirent l'embouchure de la vallée.

Là elles trouvèrent des hommes armés et singulièrement vêtus, ayant de sombres visages et les mains emplies de pistolets et de poignards.

Celui qui paraissait être le chef s'avança alors vers la berline, salua ces dames et leur dit :

— Je suis le lieutenant du capitaine Michaël.

La chanoinesse frissonna involontairement.

— Et je viens chercher mademoiselle.

— Nous vous suivons.

— Non, pas vous, madame.

— Que voulez-vous dire ?

— J'ai ordre de vous laisser ici sous la garde de mes hommes, de faire monter mademoiselle de Fontarey à cheval et de partir seul avec elle pour le manoir du capitaine.

La chanoinesse jeta les hauts cris ;

— Non ! non ! dit-elle, jamais je ne consentirai à me séparer de ma nièce. Si je ne puis la suivre, elle ne partira pas.

— Non, certes, dit Herminie en descendant de la berline, je ne partirai point sans ma tante.

Le lieutenant fit un signe; deux de ses hommes refermèrent les portières du carrosse et s'y placèrent pour empêcher la chanoinesse d'en sortir.

— Au secours! s'écria madame d'Albermont épouvantée; c'est un infâme guet-apens! au secours!

VI

— Mademoiselle, fit courtoisement le lieutenant de Michaël, je vous ferai observer qu'il y a huit jours entiers que le message du colonel est parti, que, par conséquent, si vous n'arrivez pas aujourd'hui, le colonel sera pendu demain matin, et nous avons encore dix lieues à faire. Il n'y a donc pas de temps à perdre.

— Monsieur, répondit fièrement Herminie, je suis prête à vous suivre. Dieu m'est témoin que je ne tremble pas, et que ma résolution de sauver la vie

de mon oncle au prix de la mienne est bien prise ;
mais je trouve étrange que vous ne laissiez point ma
tante m'accompagner.

— Mes ordres sont positifs.

— Ne pourriez-vous prendre sur vous...?

— Je ne le puis.

— Alors, dit Herminie avec calme, partons, monsieur, je vous suis.

— Herminie, chère Herminie, murmurait madame d'Albermont en sanglotant... Oh! les maudits
romans de chevalerie! oh! l'affreuse Marphise et
l'abominable Clorinde, où donc avez-vous conduit
ma nièce?

Mademoiselle de Fontarcy n'en entendit point davantage; elle sauta en selle et éperonna son cheval,
qui partit au galop, tandis que la chanoinesse de-
meurait aux mains des bandits.

Le lieutenant passa devant la jeune amazone pour
lui indiquer le chemin, et tous deux s'enfoncèrent
sous les hautes futaies de la forêt.

Ils cheminèrent silencieusement durant le reste
du jour, le lieutenant rêvant à je ne sais quoi, Her-

minie songeant, non sans quelque embarras, que la
position d'une jeune fille courant dans les bois en
compagnie d'un bandit et s'en allant croiser le fer
avec un autre, avait bien quelque chose de risqué,
tout au moins, et que les vertus féminines et les
douces mœurs de son sexe avaient cependant leur
mérite, bien qu'elles fussent dépourvues d'éclat.

Ces réflexions amenèrent tout naturellement Herminie à penser que la chanoinesse allait quelquefois
au delà du possible, et qu'il n'était pas complète-
ment invraisemblable qu'elle n'eût un grain de folie
dans l'esprit.

Lorsque mademoiselle de Fontarey se donnait la
peine de réfléchir à l'abri de la funeste influence de
sa tante, elle raisonnait ordinairement juste. Néanmoins, comme la bravoure est aussi bien l'apanage
de la femme que celui de l'homme, et que, d'ailleurs, il n'était plus temps de reculer, puisque la
vie de son oncle était en péril, elle fit trêve à ses
hésitations et continua à suivre son guide.

La route où elle cheminait était des plus sauvages; de temps en temps, la sinistre figure d'un ban-

dit sortant d'un fourré pour venir échanger un signe
mystérieux avec le lieutenant, faisait involontairement tressaillir Herminie, et elle avait besoin de
toute son exaltation chevaleresque et de tout son
courage pour ne point songer, malgré elle, à ce
paisible manoir de Fontarey, que jamais, en dépit
des continuelles appréhensions de la chanoinesse,
un voisin félon ne venait assaillir.

Les chevaux trottèrent pendant cinq heures ; la
nuit vint ; l'effroi d'Herminie reparut, en dépit de
son énergie, et s'accrut de la profondeur des ténèbres. Quelquefois il lui sembla même qu'elle était le
jouet d'un rôle, tant d'étranges hallucinations l'as-
saillirent, et ce ne fut que lorsque apparut à l'horizon le manoir d'Holdengrasburg, autrement dit le
château du Diable, avec sa quotidienne et splendide
illumination, en face du péril éminent et prochain,
qu'elle sentit se ranimer sa chevaleresque et aventureuse ardeur.

Dans la cour du manoir se pressait une foule
compacte d'hommes armés et de sombres visages ;
tous la saluèrent : elle passa le front haut au milieu.

— Vous arrivez à propos, lui cria un bandit, on allait pendre le colonel. Le seigneur Michaël trouvait qu'une pendaison aux flambeaux serait originale.

Herminie ne répondit point et gravit le perron du manoir.

Le lieutenant la précédait. Il la conduisit au premier étage du château, lui fit traverser plusieurs salles également remplies de bandits, et, poussant une dernière porte, il l'introduisit dans une vaste pièce où elle aperçut son oncle en tête-à-tête avec son impitoyable geôlier.

Herminie s'arrêta sur le seuil, dominée par une émotion facile à comprendre, et qui, heureusement, fut de courte durée, car elle enveloppa presque aussitôt Michaël le bandit de ce regard pénétrant et clair qui suffit aux femmes pour juger un homme au moral et au physique.

Michaël résumait assez bien ce type chevaleresque dépeint dans la lettre du colonel. Il était beau, robuste et bien fait.

Un sourire gracieux et bon à la fois démentait à

demi les accusations de férocité qui pesaient sur lui.

Il se leva à la vue de la jeune fille, vint courtoisement à sa rencontre et parut vivement impressionné de sa beauté.

Il la salua respectueusement et lui offrit sa main. Malgré la sympathie qu'elle avait affichée pour les bandits, Herminie ne put se défendre d'un premier mouvement de répulsion, qu'elle réprima aussitôt, du reste, en acceptant cette main et se laissant conduire jusqu'au colonel.

M. de Gignac était piteusement assis dans un grand fauteuil; il baissait à moitié les yeux et paraissait tout marri d'apparaître ainsi prisonnier et sur le point d'être pendu aux yeux de sa nièce.

Herminie se jeta spontanément dans ses bras avec cette noble et naïve effusion qui n'appartient qu'à la jeunesse.

— Mon cher oncle, murmura-t-elle, j'arrive donc à temps?

— Hélas! fit le colonel d'un ton lamentable.

— Et vous ne mourrez point maintenant, je vous le jure.

— Quoi! fit-il avec un accent de reproche, tu consens...

— A épouser monsieur...

Elle s'arrêta; le bandit laissa échapper un cri de joie.

— Si je ne le tue point, ajouta-t-elle froidement.

Michaël se prit à sourire.

—Pourquoi, dit-il, mademoiselle, ne renverrions-nous point à plus tard, à quelques jours, par exemple, cette épreuve?

— Dites ce combat, monsieur.

— Soit. Pourquoi ne le point ajourner?

— C'est inutile. A quoi bon, d'ailleurs, ce délai?

— Peut-être..., fit Michaël.

Il s'arrêta, sa voix tremblait.

— Eh bien! demanda Herminie qui l'examinait attentivement, et trouvait que ce chef de bandits féroce avait la voix bien harmonieuse et bien timide, l'attitude bien humble et bien respectueuse.

—Peut-être, hasarda le jeune homme tout bas, auriez-vous le temps de réfléchir?

— A quoi, s'il vous plaît?

— Vous vous habitueriez insensiblement à moi...
Peut-être m'aimeriez-vous.

Un geste dédaigneux échappa à mademoiselle de
Fontarey.

— Monsieur, dit-elle, si Michaël le bandit m'avait
rencontrée par hasard, qu'il m'eût aimée, et, se mettant à mes genoux, s'il m'avait dit : « Votre amour
me rendrait le plus fier et me ferait le plus grand des
hommes! » peut-être eussé-je oublié les crimes qu'il
a commis, peut-être...

Herminie s'arrêta et rougit.

— Mais, se hâta-t-elle de continuer, puis-je accorder le moindre espoir à l'homme qui emploie,
pour arriver jusqu'à moi, de si détestables moyens,
qui violente celui qui est devenu son prisonnier par
trahison, et ne rougit point de mettre dans une
même balance ma main d'un côté, la vie de mon
oncle de l'autre?

Michaël baissa la tête et se tut.

— Ainsi donc, monsieur, poursuivit la jeune fille
avec fermeté, puisque vous m'avez défiée, j'accepte
le défi. Puisque le hasard vous a fait le plus fort, je

subirai votre loi. Si je ne vous tue, il le faudra bien, la vie de mon oncle en dépend. Il est inutile de prolonger cet entretien.

Et, d'un geste rempli d'une noble audace, l'amazone porta la main à la garde de son épée.

— Demain.. , dit Michaël.

— Non point, tout de suite.

— Mais, mademoiselle.

— Je suis le chevalier de Fontarey, monsieur, et si vous ajoutez un mot, si vous hésitez encore, je croirai que, tout brave que vous êtes, vous avez peur.

Un dédaigneux sourire passa sur les lèvres de Michaël; d'un geste il congédia son lieutenant, alla fermer la porte sur lui, tira les verrous et revint à Herminie.

— Je suis à vos ordres, dit-il.

A l'époque où se passait cette véridique histoire, on avait si souvent l'épée à la main pour le motif le plus futile, que c'était avec le plus beau sang-froid du monde qu'on mettait ou qu'on voyait mettre flamberge au vent. Le colonel n'avait point quitté son fauteuil, il ne fit aucune objection en voyant sa nièce dégainer la première et se mettre en garde.

— Mademoiselle..., murmura une dernière fois le bandit avec émotion.

— Décidément, répondit-elle, vous avez peur.

Michaël tira silencieusement son épée, se mit pareillement en garde et croisa le fer.

La chanoinesse avait eu la main heureuse dans le choix qu'elle avait fait d'un maître d'armes pour sa nièce. Herminie tirait parfaitement, avec sang-froid, méthode et précision ; elle appartenait à cette excellente école d'escrime qui prisait l'immobilité du corps et l'agilité du poignet.

Tout à coup elle attaqua. Michaël se tint sur la défensive et dédaigna d'arriver à la riposte. Herminie tirait bien ; Michaël était un maître consommé.

Mademoiselle de Fontarey eut bientôt senti son infériorité, et elle comprit que son adversaire la ménageait. Sa fierté s'en trouva blessée, elle y perdit son sang-froid.

— Je crois, dit-elle avec colère, que vous ne jouez pas un jeu sérieux, monsieur.

— Pardon, mademoiselle, je défends ma vie, et

ce n'est point chose facile, car j'ai toujours votre pointe au cœur ou au visage.

— Et moi, répondit-elle railleusement, je ne vois jamais arriver la vôtre.

— Je préfère la parade à l'attaque.

— C'est-à-dire que vous me ménagez.

— Peut-être.

— Je vous forcerai bien à changer de système, dit-elle en le poussant avec impétuosité.

— Vous oubliez que je vous aime.

— Eh bien, moi, je vous hais et je veux vous tuer !

Malgré sa colère, Herminie s'exprimait d'une voix mal assurée. La bravoure calme de Michaël, l'adresse calculée avec laquelle il parait ses coups impressionnaient plus vivement la jeune fille que ne l'eût pu faire la déclaration d'amour la plus touchante et la mieux sentie. Elle parlait de haine, mais, au fond, elle n'en ressentait aucune..., et, dans sa naïveté d'enfant terrible, elle admirait en secret cet homme dont elle menaçait la vie.

Le colonel assistait impassible et muet à cette lutte.

Les forces d'Herminie étaient loin d'égaler son audace, et elle se lassait insensiblement, sans que jamais la pointe de son épée pût arriver à la poitrine
de son adversaire.

Enfin Michaël, profitant d'un faux pas qu'elle venait de faire, lui lia son arme tierce sur tierce, et,
d'un revers de poignet, envoya l'épée vierge de mademoiselle de Fontarey rouler à l'extrémité du salon.

Herminie poussa un cri :

— Vaincue! murmura-t-elle avec désespoir.

Et elle alla ramasser son épée, l'appuya avec colère
sur son genou, la brisa et en jeta les tronçons loin
d'elle en s'écriant :

— Je ne suis donc qu'une femme!

Puis elle regarda Michaël, et lui dit en baissant les
yeux :

— Ordonnez maintenant, monsieur; je suis prête
à vous obéir.

Michaël s'avança vers elle, lui prit la main et s'a-
genouilla :

— Mademoiselle, dit-il, Dieu m'est témoin que je
vous aime et que mon vœu le plus ardent serait de

vous consacrer ma vie ; mais je n'achèterai point un pareil bonheur au prix d'une lâcheté et de votre désespoir. Je vous rends votre parole, et monsieur votre oncle est libre.

Ces paroles touchèrent Herminie, elle ne retira point sa main et lui dit :

— Dieu m'est témoin que votre voix résonne au fond de mon cœur assez profondément pour y jeter un trouble inconnu ; la noble générosité dont vous faites preuve en ce moment me touche plus que je ne saurais dire, et je voudrais pouvoir vous aimer, mais...

Elle s'arrêta émue jusqu'aux larmes.

— Achevez ! supplia Michaël.

— Monsieur, reprit-elle, j'ai été élevée par une tante dont le cœur vaut mieux que la raison, je commence à m'en apercevoir. Au lieu de m'apprendre à broder, elle m'a donné un maître d'escrime, berçant mon enfance de refrains guerriers et de contes invraisemblables que je prenais volontiers pour de l'histoire. L'amour du romanesque et du merveilleux s'était emparé de moi, et, il y a quelques jours

encore, votre existence aventureuse m'eût séduite...;
aujourd'hui le voile se déchire..., je suis désillu-
sionnée...

A ces paroles, il passa comme un éclair de satisfaction sur le visage muet du colonel, et Michaël
tressaillit.

— Je vous comprends, dit-il avec émotion; si
poétique, si romanesque et en dehors des lois vulgaires que soit l'existence d'un bandit, cette existence ne peut et ne doit séduire la fille d'un gentilhomme. Là où l'honneur n'est plus, le bonheur est
impossible.

Herminie tendit spontanément sa main au jeune
homme :

— Je vous jure, monsieur, lui dit-elle, que si
vous étiez un soldat, un laboureur, un pauvre
homme travaillant à la sueur de son front, je vous
aimerais!

A ces mots répondit un double cri poussé simul-
tanément par le brave colonel de Royal-Cravate et
Michaël.

— Vive Dieu! ma nièce, s'écria le digne gentil-

homme en courant à elle les bras ouverts, voilà qui
est noblement parler, et vous êtes aussi loyale, aussi
raisonnable que belle et brave! Ah! vous épouseriez
cet affreux bandit s'il était honnête homme!... Eh
bien! rien ne s'y oppose; monsieur le vicomte Hec-
tor de Plaincy, je vous accorde la main de ma nièce.

Ce fut au tour d'Herminie à pousser un cri d'étonnement.

— Parbleu! dit le colonel en riant, comment
trouvez-vous que le régiment de Royal-Cravate joue
la comédie? — Michaël le bandit est simplement
votre petit-cousin que je vous destinais; son lieutenant, un de ses amis; ce héraut d'armes sombre et
sinistre, le dragon qui panse mon cheval, et tous ces
bandits qui semaient la route depuis le lieu où vous
avez quitté votre tante, mes braves soldats qui s'oc-
cupent d'art dramatique entre deux batailles. Con-
venez que, pour des gens qui n'en font pas leur
métier, les dragons de Royal-Cravate jouent con-
sciencieusement une petite pièce. Nous appellerons
celle-là : *les Folies d'une chanoinesse!*

VII

Au moment où le colonel prononçait le mot de chanoinesse, un grand bruit se fit entendre dans les antichambres, et madame d'Albermont parut peu après, éperdue et le visage bouleversé.

On ne l'avait retenue en arrière de sa nièce que pour ménager un effet de plus à la comédie, et, sa nièce ayant pris les devants, on lui avait permis de continuer sa route.

L'excellente femme poussa un cri de joie en voyant son frère et Herminie sains et saufs.

— Ah! dit-elle, il ne l'a donc pas tuée!... et tu ne l'épouseras point, n'est-ce pas?

— Au contraire, répondit le colonel, et ce sera un jour de fête pour Royal-Cravate. Seulement, quand notre beau neveu sera installé au château de Fontarcy, je lui conseille fort de brûler tous ces vilains romans qui tournent la tête aux chanoinesses, et de faire confectionner des robes à sa femme, car je crois que c'est là surtout ce qui a manqué à son éducation.

CHEZ

MON GRAND-PÈRE

I

Nous habitions, mon grand-père et moi, une petite propriété, dans le haut Dauphiné, depuis le commencement de mai jusqu'à la fin d'octobre.

Les premiers bourgeons et les primevères nous amenaient à leur suite, les vendanges nous voyaient partir.

J'aime le Dauphiné ; c'est une des provinces de France les plus pittoresques, les plus fraîches et les plus vertes.

La vie des champs y est charmante, les instincts du poëte, du chasseur et de l'homme modeste et simple y peuvent être aisément satisfaits. On y retrouve de vieilles traditions et quelques légendes, Dieu n'en a point encore été banni, et l'église du village, sous ses réseaux de lierre d'Irlande, apparaît à tous les regards comme la maison bénie où les souffrances sont allégées.

Le vallon où nos pères avaient assis leurs pénates — car nous habitions une propriété de famille — était isolé et perdu en un coin des Hautes-Alpes. Les neiges des montagnes étincelaient aux quatre points cardinaux; la plaine était verte, coquette, ombreuse, et à la fois tréflée de chauds rayons de soleil.

Le printemps y suspendait des clochettes bleues et blanches aux buissons des chemins; il y poudrait les amandiers et couvrait de violettes, de liserons et de nénufars le bord des ruisseaux.

Chaque maison du village avait un jardin où piaulaient, au soleil levant, des centaines de merles moqueurs et de passereaux bavards. Devant l'église s'étendait une vaste prairie étoilée de marguerites, tapis merveilleux que Dieu déroulait sous les pieds de ceux qui venaient le prier.

Au château, — il faut bien le dire, c'était le château que nous possédions, — au château, dis-je, on trouvait un grand parc de marronniers, de tilleuls et de platanes qu'une génération depuis longtemps éteinte avait plantés; — un verger pourvu de fleurs et de fruits; aux murs lézardés des vieilles tours, une jeune vigne qui grimpait vigoureusement par-dessus un lierre centenaire. Entre le village et le château coulait une petite rivière, — une rivière sans prétentions qui ne jouait ni au fleuve orgueilleux et vain comme un millionnaire, ni au torrent tapageur et vantard, comme un coureur d'aventures affamé; une honnête rivière, qui coulait bleue et transparente sur un sable doré entre deux rives de peupliers et de prés verts, longeant un coteau de chênes-liéges, et assistant, dans sa course, un humble moulin où il se broyait dans l'année plus de sarrasin que de froment.

A une demi-lieue du château, au pied d'une colline, vers le sud, se dressait une maison blanche, coquette, élégante, qu'on eût prise, à sa structure, pour une villa des environs de Paris.

Elle s'était récemment élevée sur les décombres d'une autre maison détruite par l'incendie; un jardin anglais, un jeune parc l'entouraient; les fenêtres avaient des volets verts, le perron des statues de marbre blanc.

Ce n'était plus la vieille demeure féodale appauvrie et vermoulue; c'était la maison moderne de l'opulence, la retraite d'été d'un habitant de la ville. Tout y était jeune, frais, élégant.

Et cependant, nul dans le pays ne se souvenait, depuis dix ans, d'avoir vu la villa habitée par d'autres hôtes qu'un vieux domestique, Caleb taciturne et discret, qui disait à peine le nom de ses maîtres et n'adressait jamais la parole à personne, quand il ne s'agissait point d'*affaires*. Tout ce que nous savions, c'est qu'un Parisien était venu dix années plus tôt, avait acheté la maison incendiée et les terres environnantes, construit à la place sa jolie villa, planté le parc et le jardin.

Il avait fait une visite à mon grand-père, la sur-veille de son départ. J'étais enfant alors, mais je me souviens parfaitement de ses traits. C'était un homme de trente-cinq ans à peine, grand, pâle, de tournure distinguée, qu'on nommait M. de Flavy.

Il nous apprit que l'amour de la solitude l'avait poussé à chercher au pied des Alpes une petite re-traite pour lui, sa femme et sa fille, qu'il amènerait au printemps suivant.

Le printemps arriva, M. de Flavy ne vint point; seulement, on s'aperçut que le vieux serviteur avait remplacé sa livrée orange par des vêtements noirs et le galon d'or de sa casquette par un crêpe.

L'année suivante on ne vit pas davantage M. de Flavy, et dès lors on sut qu'il était mort. Comment et de quel mal? ce fut ce que nul ne put dire.

Dix ans s'écoulèrent; l'unique habitant de la villa allait chaque année à Paris et en revenait au bout de trois semaines. On remarquait, du reste, qu'il introduisait des améliorations importantes dans l'exploitation des fermes dépendantes de la villa. On

14

évaluait dans le pays la propriété toute entière à deux cent mille francs, chiffre de fortune énorme dans une contrée aussi pauvre que les Hautes-Alpes.

J'avais bien alors dix-huit ans, l'imagination ardente, le cœur enthousiaste; et mon grand-père avait commis une faute assez grave en m'abandonnant la clef d'une vieille galerie où, pêle-mêle, étaient entassés douze ou quinze cents volumes de romans qui charmèrent jadis les vieux ans de ma grand'tante la chanoinesse. Je savais peu de latin, peu de grec; en revanche, j'avais le cerveau farci des aventures de cent héros impossibles, depuis Amadis de Gaule jusqu'à Victor ou *l'Enfant de la forêt*, ce conte merveilleux et naïf du plus naïf des romanciers.

J'avais, du reste, commencé de bonne heure ces funestes lectures. A dix ans, plein de don Quichotte, dont je ne comprenais point le vrai sens, je me fabriquais des cuirasses et des casques avec de vieux numéros de la *Quotidienne*; à dix-huit, j'avais, il est vrai, renoncé au rôle de chevalier errant, mais je songeais à quelque amour romanesque que je devais inévitablement rencontrer tôt ou tard sur mes pas.

Il est des gens qui courent inutilement les aventures pendant leur vie entière, et meurent désespérés d'avoir vécu heureux et paisibles; la Providence fut plus indulgente pour moi, — elle m'offrit de bonne grâce la passion romanesque après laquelle mon imagination galopait.

C'était un soir de mai, j'étais à cheval, suivi de mes deux bassets, je trottais dans la direction du bourg voisin situé sur la route de Grenoble, celle de Paris par conséquent. Dans nos montagnes, les chemins sont mauvais au printemps, la fonte des neiges grossit les torrents, les torrents débordent et remplissent de fange et de cailloux les sentiers et les grandes voies.

Un cavalier y prend garde à peine, une voiture s'embourbe jusqu'au moyeu des roues.

La route de Grenoble était étroite et mal entretenue; une double haie vive, jetant par-dessus ses buissons fleuris et ses longues lianes, achevait de la rendre périlleuse pour tout attelage fragile.

Du village au bourg on comptait trois lieues de
pays, une demi-journée de marche au moins; il
était sept heures, le soleil avait disparu, l'ombre
arrivait à grands pas, et j'étais à peine à mi-chemin;
mais j'étais accoutumé à voyager de nuit, et j'avais
besoin de poudre pour une chasse au chamois qui
devait être faite le surlendemain.

Je continuai donc à trotter par les haies d'aubé-
pine en fleur et le bord des prairies, aspirant avec
délices ces senteurs enivrantes que mai apporte
dans un pli de son aile multicolore et répand, le
soir, sur les champs et dans les bois. Mon imagination poursuivant son rêve, mes bassets couraient la
queue basse, ma monture allait l'amble, et la nuit
descendait insensiblement, si bien, qu'à un coude
du chemin, j'aperçus dans l'éloignement une lueur
rougeâtre, celle d'un fanal de chaise de poste; j'en-
tendis ensuite d'énergiques jurons, et je compris
qu'il y avait des êtres en détresse. J'arrivai au galop
et trouvai une berline de voyage dont le timon était
brisé et les roues enrayées dans une ornière. Un
laquais et le postillon essayaient de réparer l'avarie;

une femme avait la tête à la portière et paraissait inquiète des suites de l'événement. Je m'approchai d'elle, le chapeau à la main, et lui offris mes services.

— Mon Dieu! monsieur, me dit-elle d'une voix si fraîche, si suave, que j'en tressaillis des pieds à la tête, je me rends aux *Aurettes*, — c'était le nom de la villa, — et je ne sais comment, grâce à l'accident dont ma berline est victime, j'achèverai mon voyage par ces chemins impraticables et cette nuit sombre.

— J'ai un bon cheval, répondis-je en tremblant, les *Aurettes* ne sont distantes que d'une lieue, c'est un trajet que nous pouvons faire en vingt minutes. Oserais-je vous offrir la croupe?

Elle parut hésiter, car elle ne distinguait qu'imparfaitement mon visage. Je crois pourtant qu'au son de ma voix elle devina mes dix-huit ans, et elle finit par me répondre :

— Soit! monsieur; je le veux bien.

Elle recommanda au laquais et au postillon de prendre patience et d'abandonner la berline, s'ils ne pouvaient mieux faire; puis elle mit pied à terre

14.

et, ensuite, sauta lestement derrière moi, en écuyère hardie et consommée.

Je mis mon cheval au trot, rasant les haies pour éviter l'ornière ouverte au milieu du chemin, ayant bien soin d'écarter adroitement les branches de saule et les tiges de buissons qui auraient pu blesser ma compagne de voyage ou déchirer ses vêtements.

La rapidité de la course, cette angoisse vague de la nuit qui impressionne toujours les femmes, et peut-être aussi cette défiance irréfléchie dont on enveloppe les inconnus qu'on rencontre en un pays où l'on vient pour la première fois, l'empêchèrent de lier avec moi une conversation que je brûlais d'entamer et dont je cherchais vainement le premier mot.

Mais bientôt la scène changea. Au chemin bourbeux de la plaine succéda un sentier uni, sablé, grimpant en rampe douce au flanc d'une petite colline à mi-côte de laquelle se trouvaient les *Aurettes*. La lune se leva presque en même temps; elle venait à point et tout comme en un vrai roman, car je

mourais d'envie de voir enfin les traits de mon héroïne. Pendant les dix minutes qu'avait duré notre
course dans le chemin creux, mon imagination était
allée bon train, elle aussi : balcons, échelles de soie,
lettres confiées à un chien intelligent... j'avais songé
à tout déjà.

Aussitôt que les premiers rayons de la lune nous
arrivèrent, comme il eût été difficile et même inconvenant de me retourner sur ma selle pour re-
garder la belle inconnue, — il était impossible
qu'elle ne fût point belle! — j'eus recours à un
stratagème :

— Madame, lui dis-je, vous plairait-il saisir l'ar-
çon de la selle? je vais mettre pied à terre pendant
quelques minutes; il y a ici près un mauvais pas, et
mieux vaut être prudent.

Le mauvais pas dont je parlais était, à vrai dire,
une niaiserie, un ruisseau sans importance sur lequel un pont de sapins très-solide en réalité conser-
vait une apparence débile qui pouvait intimider fai-
blement le voyageur inexpérimenté.

J'étais à terre avant qu'elle m'eût répondu, et

demeurais, au bord de la route, immobile et saisi
d'admiration.

Éclairée en plein par les rayons de l'astre noc-
urne, elle m'apparut comme la femme de mes
rêves, l'héroïne de roman après laquelle je courais.
Elle avait peut-être trente ans, — cet âge solennel
et critique à la fois où la beauté rayonne dans tout
son éclat, dans toute sa splendeur, pour disparaître
ensuite avec la rapidité d'un soleil couchant ; —
elle était pâle à souhait ; ses cheveux noirs, son
grand œil bleu, ses lèvres rouges, sa main blanche
aux doigts effilés, — tout, jusqu'à sa robe noire,
réussissait à faire d'elle une de ces femmes à prisme
romanesque, ainsi qu'on en trouve dans les livres de
George Sand.

C'était une Edmée de Mauprat brune et âgée de
trente étés.

Les femmes ont un merveilleux talent de tout voir,
tout comprendre. Sans abaisser ses yeux vers moi,
sans m'examiner, elle me vit tout entier, devina que
je l'admirais, comprit que j'avais mis ma prudence
au service de ma curiosité. Et alors, comme chaque

idole respire l'encens avec un secret plaisir, de quelque cassolette et de quelque lieu qu'il s'élève, elle crut devoir récompenser ma naïve contemplation par une phrase gracieuse, un rien qui servirait de prétexte à une causerie.

— Je suis bien indiscrète, monsieur, d'avoir ainsi accepté votre offre obligeante ; je vous ai certainement fait perdre un temps précieux et détourné de votre route.

Une singulière émotion s'empara de moi à ces paroles, et tandis que ma langue roulait vainement sans parvenir à articuler un mot, j'étendis la main vers le nord, et montrai, au fond de la vallée, le château que nous habitions.

— Ah ! fit-elle, m'accordant aussitôt un regard plus curieux que le premier, vous alliez au château ?

— Non point précisément, balbutiai-je enfin, mais c'est là que je retourne chaque soir.

— N'est-ce point ce château qui appartient au marquis de B...?

— Mon grand-père, madame, en effet...

A sa froide réserve succéda soudain un franc sourire et une expansion de bon goût :

— Vraiment, monsieur, me dit-elle, vous êtes le petit-fils du marquis de B...? mais alors je suis heureuse du hasard qui m'a fait accepter votre appui chevaleresque, et j'espère que cette rencontre imprévue sera le prétexte que je cherchais vainement depuis trois jours...

Je la regardai étonné.

— Monsieur, reprit-elle en souriant, je m'appelle madame de Flavy, et les Aurettes m'appartiennent. Je viens m'y fixer, et je sais que je n'aurai d'autres voisins de campagne que le marquis et vous. Or vous sentez qu'une femme, une pauvre veuve...

Je tressaillis à ce dernier mot, et trouvai, malgré l'accent de tristesse avec lequel elle le prononça, qu'il sonnait bien à l'oreille.

— Une pauvre veuve ne fait point de visites, et si ses voisins sont taciturnes ou fuient les étrangers...

Je l'interrompis en souriant :

— Croyez, madame, que mon grand-père...

— Bien, fit-elle, souriant à son tour; c'est un com-

mencement de relations assez bizarre, du reste, et
qui vous obligera à ne rentrer chez vous qu'à une
heure fort avancée.

C'était pour moi l'occasion de faire preuve de mon
courage; je répondis une longue phrase entortillée
d'où il ressortait que j'avais la vertu des paladins
antiques.

Nous arrivions alors à la grille de la villa, et je
n'avais point songé à remonter à cheval, préférant
m'appuyer sur le pommeau de la selle et causer tout
à l'aise avec la belle étrangère.

Je sonnai, la grille s'ouvrit; le vieux Caleb arriva
en courant, recula d'un pas à la vue de sa maîtresse, poussa un cri et se mit à pleurer en lui bai-
sant la main.

— Mon pauvre Pierre, lui dit elle avec bonté et
d'une voix émue, il y a longtemps que nous ne nous
sommes vus, et je comprends ta joie; mais au lieu de
t'étonner de me voir arriver ainsi en compagnie de
monsieur et à cheval, mets la ferme en réquisition
et donne-moi à souper, je meurs de faim!

Si ces vulgaires paroles n'eussent été débitées d'un

ton léger et par la plus jolie voix du monde, j'en aurais été évidemment affecté. Je n'avais lu nulle part que les héroïnes eussent faim jamais.

Je lui offris la main et nous pénétrâmes dans sa villa. Nous nous arrêtâmes dans un petit salon ouvert sur le parc, simplement meublé, frais, coquet cependant, malgré sa solitude de dix années, et tout prêt à revoir une jeune et belle maîtresse.

Un portrait d'homme d'une figure distinguée était suspendu au-dessus du sofa.

Madame de Flavy éprouva une vive émotion en l'apercevant, et cette émotion me fut infiniment désagréable, car, en rassemblant mes souvenirs d'enfance, je venais de reconnaître M. de Flavy.

Le vieux serviteur, après avoir mis en émoi tout le personnel de la ferme, roula une table devant sa maîtresse et la couvrit de mets rustiques qui l'enchantèrent.

— Mon beau cavalier, me dit-elle avec enjouement, vous plairait-il de partager mon festin?

Je refusai et me levai à contre-cœur pour me retirer.

— Je vous laisse aller, fit-elle, il est si tard ! mais nous nous reverrons, n'est-ce pas ? vous reviendrez me voir...

Je balbutiai et rougis. Elle me tendit la main, je la baisai en tremblant, saluai avec gaucherie et m'enfuis. J'étais fou... Je lançai mon cheval au galop sur la route du château. Quand j'arrivai, mon grand-père était couché, et je m'en applaudis intérieurement; j'aurais été bien embarrassé de lui avouer la cause de mon trouble, et Dieu sait si j'étais troublé !

Le lendemain, au point du jour, je partis avec mon fusil. J'avais besoin d'être seul, il se faisait en moi une révolution complète : j'étais amoureux de madame de Flavy, et la solitude est un terrain merveilleux pour édifier les châteaux en Espagne.

A l'heure du dîner, — nous dînions à midi, selon le vieil usage, — mon grand-père me dit avec une bonhomie malicieuse :

— Je vous trouve bien modeste, monsieur. Comment ! vous vous conduisez avec la galanterie aventureuse d'un preux d'autrefois, vous arrachez une

15

belle dame au danger, vous lui offrez la croupe sur votre destrier, et vous gardez un secret profond sur cette aventure !

Je rougis jusqu'aux oreilles et balbutiai.

— Heureusement, reprit mon grand-père, madame de Flavy a été moins discrète.

— Vous l'avez donc vue? m'écriai-je avec une vivacité qui heureusement lui échappa.

— Non, mais voici sa lettre.

Et l'excellent homme me tendit le billet suivant :

« Monsieur le marquis,

« Je viens demander un peu de solitude et de
« paix à vos vertes et belles montagnes; cepen-
« dant je ne prétends point y vivre en recluse, et
« je désire fort avoir de bonnes et charmantes rela-
« tions avec mes voisins. M. Maxime a été, cette
« nuit, mon libérateur; il s'est conduit en vrai che-

« valier errant, et m'a retirée d'une ornière où
« j'étais menacée d'attendre le jour. J'étais un peu
« émue, je crois que je l'ai remercié à peine : vou-
« lez-vous me fournir l'occasion de le faire ample-
« ment en venant demain, jeudi, accepter aux Au-
« rettes le dîner d'une femme qui a oublié sa cuisi-
« nière à Paris et en est réduite aux imperfections
« culinaires d'un valet de pied?

« LOUISE DE FLAVY. »

— Voyons, reprit mon grand-père en se mettant
à table, conte-moi ton aventure; où as-tu rencontré
madame de Flavy et comment t'es tu acquitté de ton
rôle de chevalier errant?

Mon grand-père m'embarrassait fort, car j'avais à
peu près tout oublié, à l'exception d'une chose, c'est
que madame de Flavy était merveilleusement belle.
Je m'en tirai cependant, tant bien que mal, et
l'excellent vieillard se prit à rire sournoisement.

— J'avoue, me dit-il en souriant, que tu mérites
bien un peu de reconnaissance de la part de notre

voisine la châtelaine des Aurettes. Nous irons demain dîner chez elle; je vais lui envoyer un chevreuil pour lui faire oublier l'absence de sa cuisinière.

II

A dix heures et demie, le lendemain, nous mon-
tions à cheval, mon grand-père et moi, pour nous
rendre aux Aurettes ; au bout de deux heures nous
franchissions la grille du petit parc.

Madame de Flavy, une ombrelle à la main, coiffée
d'un large chapeau de paille, dans le plus délicieux
négligé de campagne que puisse imaginer une Parisienne du *bel air*, comme on disait autrefois, se pro-

15.

menait dans la grande allée au moment où nous arrivâmes.

Elle vint à nous, souriante, et nous salua de la main, tandis que nous mettions pied à terre. Mon grand-père lui baisa le bout des doigts et lui offrit son bras, tandis que je m'occupais moi-même de confier nos montures à un valet.

Je trouvai mon grand-père bien heureux...

Ils firent un tour dans le parc, causant de Paris, de la mort prématurée de M. de Flavy, tué en duel au sortir du Jockey-Club et à la suite d'une querelle sans importance. Ces souvenirs assombrirent quelques minutes le visage de la belle veuve; je l'avais quittée souriante, je la retrouvai mélancolique et plus pâle qu'elle ne m'avait paru l'être la veille.

On vint l'avertir qu'elle était servie. On avait dressé la table dans la salle du rez-de-chaussée qu'ornait le portrait de M. de Flavy. Heureusement le siége que sa veuve devait occuper était disposé de manière qu'elle tournait le dos au portrait. C'était une délicate attention du vieux Caleb.

A table, madame de Flavy retrouva peu à peu cet

enjouement de bon goût, cette gaieté sans éclat qui trahit la femme du monde et la maîtresse_de maison accoutumée à son rôle.

Mon grand-père avait oublié ses soixante-dix ans; il se souvint même beaucoup trop qu'il avait été page, au point, Dieu me pardonne, que je m'en montrai maussade et jaloux durant tout le dîner. Il me semblait que madame de Flavy prenait un plaisir extrême à ses anecdotes, à ses galanteries, à son esprit fin et galant qui sentait le dernier siècle et la poudre.

Cette première visite à la châtelaine des Aurettes, dont je m'étais promis d'avance d'immenses résultats, se termina, en définitive, fort tristement pour mes espérances. Madame de Flavy me traitait en enfant, faisait peu d'attention à mon silence boudeur, et après le dîner, elle prit encore le bras de mon grand père, au lieu de s'appuyer sur le mien.

Il y a pour un amoureux novice mille riens imperceptibles qui lui font un mal affreux et le désespèrent. Je rentrai, le soir, au château, morne et désolé. Retiré dans ma chambre, je me mis à fondre en larmes. Pourquoi? j'aurais été bien embarrassé d'en trouver la raison.

La nuit qui suivit fut pleine pour moi de l'image de madame de Flavy, bien que je me fusse juré, dans mon premier accès de dépit, d'oublier cette femme sans cœur qui ne devinait point que je mourais d'amour pour elle, et de ne jamais remettre les pieds aux Aurettes.

Ce serment ne m'empêcha nullement de me lever avant le jour, de siffler mes chiens, de prendre mon fusil et de m'en aller chasser aux environs de la villa.

Ce jour-là, je fus maladroit à plaisir, je tiraillai jusqu'à dix heures le plus innocemment du monde, et mes bassets indignés finirent par me tourner le dos, me plantèrent au milieu d'une pièce de luzerne et s'en allèrent comme d'honnêtes chiens courants qu'on n'a point habitués à des chasses pour rire.

J'allais et venais sous les murs du parc, je gravissais les coteaux voisins du haut desquels je pouvais apercevoir la maison perdue sous les marronniers ; j'espérais que mon tapage éveillerait enfin l'attention

de ses hôtes, et que je verrais poindre au détour
d'une allée la belle châtelaine, étonnée d'un pareil
vacarme. Mes peines furent perdues !

Alors, en désespoir de cause, je songeai qu'un
lièvre ou deux perdrix me seraient un excellent prétexte pour m'introduire à la villa. Je capitulai avec
mon ressentiment, j'oubliai le serment solennel que
je m'étais fait la veille.

Abandonné de mes chiens, je résolus de me passer d'eux et je me mis en devoir de battre méthodi-
quement les allées d'une vigne, un carré de trèfle et
un champ de lavande.

Une compagnie de perdreaux rouges s'enleva du
milieu de la vigne, reçut mes deux coups de fusil,
et gagna le bois sans dommage. Un lièvre roula sous
mon pied dans le trèfle et disparut dans les lavandes
sans laisser de poil après lui.

Les chasseurs sont superstitieux : je m'avouai que
la fatalité s'en mêlait, et que le plus sage était de
rentrer au château le front baissé, comme un vrai
bredouille; ainsi nomme-t-on le chasseur maladroit
qui revient au logis la carnassière vide.

Il fallait renoncer, faute d'un honnète prétexte, à voir ce jour-là madame de Flavy.

O bonheur ! au moment où je regagnais le sentier qui conduisait de la villa au château, j'aperçus devant moi le vieux domestique cheminant gravement, la tête inclinée, comme un poëte qui prend la route ae l'Institut.

Si je ne la voyais point ce jour-là, au moins pensais-je, me sera-t-il permis d'avoir de ses nouvelles.

J'allai au moderne Caleb avec un sourire bien intéressé, que j'essayai de rendre naïf et franc, et je le saluai de la façon la plus courtoise.

— Bonjour, monsieur Pierre, lui dis-je.

— Bonjour, monsieur le comte, me répondit-il gravement en essayant de passer outre.

Je le retins du geste.

— Venez-vous du château ?

— Non, monsieur le comte.

— Vous retournez à la villa.

— Oui, monsieur le comte.

— Comment se porte madame ?

— Très-bien, je vous remercie, monsieur le comte.

— J'ai chassé aux environs des Aurettes, poursuivis-je, impatienté du laconisme de ce taciturne personnage, il m'a semblé l'apercevoir.

— Monsieur le comte s'est trompé.

— Ah !

— Oh ! bien certainement.

Et le Caleb fit mine de nouveau de s'en aller.

— Madame se lève donc bien tard? observai-je.

— Nenni, madame est levée dès sept heures.

— Alors il est fort possible...

— Monsieur le comte se trompe; madame n'est point aux Aurettes.

Je tressaillis des pieds à la tête.

— Et où est-elle? m'écriai-je.

— Madame est partie pour C... ce matin; elle y va visiter le couvent, et je ne crois pas qu'elle revienne avant demain.

J'aurais étranglé maître Pierre de bon cœur, et, cette fois, je ne le retins plus et le laissai aller, trou=

vant fort mauvais que madame de Flavy eût entre-
pris sans moi sa première excursion ; il me semblait
que le privilège de l'accompagner me revenait de
droit.

III

— Comme te voilà triste et morose, monsieur le
paladin ! s'écria joyeusement mon grand-père, tandis
que j'entrais vers midi dans la salle à manger.

— Mais non, balbutiai-je.

— Ta, ta, ta, fit le bon vieillard, je sais bien à
quoi m'en tenir. Ta tristesse vient de ta maladresse;
j'ai vu revenir tes bassets, et lorsqu'ils s'en retournent
c'est que ta poudre est mauvaise, ton fusil crasseux;
c'est que tes amorces ne valent rien. Que sais-je? Les

chasseurs maladroits ont toujours une demi-douzaine d'excuses qui sauve leur amour-propre.

Je laissai de bonne grâce plaisanter mon grand-père sur les malheurs de la matinée, m'estimant heureux qu'il ne devinât point la véritable cause de ma sombre humeur.

— Ah çà ! me dit-il enfin, madame de Flavy nous a fait renoncer, avec son dîner de jeudi, à notre chasse au chamois ; mais *Sonne-Toujours*, notre piqueur, s'en plaint amèrement, et il faut bien faire quelque chose pour lui. Nous partirons demain.

Je pâlis à ces mots. Une chasse au chamois, dans nos montagnes, dure au moins trois journées, quatre parfois ; combien de temps allait donc s'écouler avant que je revisse madame de Flavy !

— Demain ! murmurai-je du ton d'un homme qui a mal entendu, pourquoi demain ?

— Parce que le plus tôt est le meilleur. Les neiges fondent tous les jours, et, quand nous n'aurons plus de neige, il y faudra renoncer.

L'argument était sans réplique. Il me passa dans l'esprit des idées de révolte ; je crois même que je songeai un moment à prendre, le lendemain, ce malencontreux Sonne-Toujours pour un chamois, et à lui loger une charge de chevrotines dans les jambes pour le faire renoncer à toujours à la chasse au chamois.

— Tu as mal fait, reprit mon grand-père, de te fatiguer ce matin, car tu as une course à faire tout à l'heure.

— Ah! fis-je du ton indifférent d'un homme qui s'attend à tous les revers du destin et ne s'en émeut pas.

— Tu connais Gérard le braconnier?

— Oui.

— Tu sais qu'il habite une masure dans les bois, à C..., près des ruines du couvent?

— Oui, fis-je en tressaillant.

— C'est un chasseur de chamois habile et il a un excellent chien.

— Oui, oui, murmurai-je, prenant goût soudain à la conversation.

— Eh bien! mon ami, siffle tes bassets, s'ils veulent te suivre; prends ton fusil et mets-toi en route.

Tu vas aller prévenir Gérard que je compte sur lui et son chien, et tu l'amèneras ce soir.

J'aurais embrassé mon grand-père de bon cœur. Il m'envoyait à C..., c'est-à-dire à la rencontre de madame de Flavy! comprenez-vous?

Je dînai lestement, tordant et avalant comme un homme affamé, tant j'avais hâte de partir; et j'ordonnai qu'on me sellât un cheval.

— Tu ferais plus sagement, me dit mon grand-père, d'aller à pied par le bois. Tu te réhabiliterais un peu en secouant les dernières bécasses.

— Y songez-vous? demain il me serait impossible de marcher.

— Poule mouillée! murmura-t-il.

J'avais calculé qu'en passant par le bois je ne rencontrerais pas madame de Flavy, si la fantaisie de coucher chez le gardien des ruines venait à lui passer; et la grand'route allongeait d'au moins deux heures, ce qui, au cas où je la suivrais à pied, ne me permettrait point d'arriver avant la nuit.

Mon calcul était juste, l'événement devait le justifier.

Je lançai mon cheval au triple galop sur la route du couvent, et le noble animal se conduisit si vaillamment que j'arrivai en moins de deux heures. Précisément, à la porte de l'ermite, qui était en compagnie d'un aubergiste, l'unique gardien du monastère, j'aperçus madame de Flavy prête à monter à cheval.

Elle était venue à cheval sans autre escorte qu'un petit pâtre de quinze ans.

En me voyant, elle poussa un cri de joie.

— Ah! me dit-elle, c'est la Providence qui vous envoie, mon beau paladin...

— Pardon! madame, c'est mon grand-père.

— Soit, mais vous arrivez à point pour me tirer de souci.

— En vérité! murmurai-je troublé.

— Figurez-vous qu'on n'a point de lit à me donner ici, poursuivit-elle en se tournant vers l'hôtelier, qui courba humblement le front sous ce dur reproche. Et il faut que je retourne aux Aurettes. Là n'est point l'inconvénient, mais croiriez-vous que ce bambin refuse de me suivre et de prendre le che-

min du bois, sous prétexte qu'il est hanté par les
fées et les esprits?

Je me mis à rire.

— Et grand, je vous jure, était mon embarras,
lorsque je vous ai aperçu. Vous allez me servir de
chevalier, n'est-ce pas? Nous passerons par le bois.

— Je suis à vos ordres, m'écriai-je avec un enthousiasme qui la fit sourire, et oubliant le but de
mon voyage à C...

— Ah çà! me fit-elle, vous veniez ici pour quelque affaire, sans doute?

— Oh! une misère, répondis-je, une commission
sans importance dont je veux charger le frère ermite.

La maison du braconnier était à un quart de lieue
à peine.

Nous sautâmes en selle, madame de Flavy et moi,
et nous partîmes.

Nos chevaux étaient de la race du pays, ils avaient
le pied montagnard, étaient habitués à côtoyer les
précipices et cheminaient de nuit sans jamais bron-
cher.

Nous entrâmes sous les futaies de sapins au moment où le soleil déclinait à l'horizon.

L'air était tiède, la soirée charmante, le bois embaumé de mille parfums. Le chemin que nous suivions courait capricieusement tantôt sur une pelouse, tantôt au bord d'un ravin, tantôt sur un pont hardi, construit avec des troncs d'arbres sur un torrent.

Madame de Flavy s'extasiait sur les échappées des panoramas, les lointains bleus entrevus au travers des sapins, les vallées sauvages, les maisonnettes des bûcherons, bâties au bord des clairières.

Et je l'écoutais avec recueillement, éprouvant un charme infini à la voir sourire, à l'entendre; et lorsqu'une boucle, dénouée de ses cheveux, poussée par un souffle de vent, effleurait ma joue, j'éprouvais une de ces sensations magnétiques que la science n'expliquera jamais.

Combien d'heures s'écoulèrent depuis notre départ jusqu'à notre arrivée? je ne l'ai jamais su. Nous étions allés au pas comme des voyageurs que rien ne presse et qui causent avec bonheur, — et la nuit était venue, et le ciel était étoilé et sombre, quand nous nous arrêtâmes au seuil de la villa.

— Quelle délicieuse promenade! s'écria alors madame de Flavy. Monsieur Maxime, vous aimez la chasse, n'est-ce pas?

Oui, madame.

— Et vous chassez tous les jours?

— Habituellement.

— Si j'exigeais de vous un sacrifice?

— Oh! parlez! m'écriai-je ravi.

— Si je vous priais de ne chasser que tous les deux jours, et de m'accompagner ainsi trois fois par semaine dans mes excursions? Je compte courir les environs, jusqu'à ce que j'aie tout vu, grottes, cascades, ermitages.

— Je serai heureux et fier de vous accompagner.

— Faites-vous de la peinture?

— Un peu.

— Eh bien! venez donc quelquefois, dans l'après-midi, nous peindrons ensemble. Bonsoir!

. . . .

Je rentrai au château fou de joie; je faillis sauter

au cou de la vieille Jeannette, la cuisinière, qui m'attendait pour me donner à souper, car tout le monde était couché déjà.

Le lendemain, à trois heures du matin, quand mon grand-père entra dans ma chambre tout vêtu et ses guêtres lacées, je me plaignis d'une si forte migraine qu'il me dit avec bonté :

— Je ne puis t'emmener dans cet état, mais nous coucherons à la Combe-Vieille, chez le garde ; si ce soir tu te trouves mieux, monte à cheval et viens nous rejoindre.

Dupe de mon stratagème, mon grand-père partit, et à neuf heures j'entrais à la villa.

IV

Pendant un mois on ne me vit plus au château, je ne quittais pas madame de Flavy; je peignais et montais à cheval avec elle; — nous faisions de longues promenades à pied dans les bois, et elle était assez enfant encore, malgré son trentième printemps, pour se plaire en ma compagnie.

Je l'aimais avec passion, je trouvais un charme infini à m'asseoir près d'elle, sur un tabouret, quand elle se mettait au piano; — je frissonnais lorsqu'elle se penchait sur moi, tandis que je peignais, pour examiner ma besogne et me donner un conseil.

Et pourtant, il faut bien l'avouer, je ne lui avais jamais dit, je n'avais point osé lui dire : *Je vous aime!* Chaque soir, en rentrant, j'ouvrais un de mes romans favoris et je le consultais gravement sur le moyen d'avouer ma flamme. Le roman ne m'offrait que des expédients impossibles.

Un jour enfin, un soir plutôt, je pris mon courage à deux mains, et, tandis que nous étions assis dans le parc sur un banc rustique, je me levai d'un air solennel et lui dis :

— Madame, je suis l'unique héritier de mon grand-père; j'aurai vingt mille livres de rente un jour. C'est peu, mais je vous aime, etc...

Ici je m'arrêtai court et balbutiai : j'étais à bout d'éloquence.

Elle sourit et me prit les mains :

— Vraiment! me dit-elle, vous m'aimez?

J'appuyai ma main sur mon cœur avec un geste dramatique.

— Et vous voulez m'épouser?

Je me mis à ses genoux et les embrassai. Ce fut

ma réponse, et l'on conviendra qu'elle en valait bien
une autre.

— Mon cher Maxime, me dit-elle en souriant et
d'une voix émue, c'est mal de m'aimer, je suis votre
aînée.

— Oh! qu'importe? vous êtes si belle...

— Eh bien! reprit-elle, je vous le pardonne, car,
moi aussi, je vous aime...

Le cri de joie que je poussai en couvrant ses mains
de baisers est impossible à traduire.

— Mais, continua-t-elle, ne vous réjouissez donc
point d'avance. Attendez; je suis une femme un peu
bizarre, capricieuse même, je l'avoue, j'ai l'esprit
si romanesque, et je trouve notre siècle si vulgaire,
si prosaïque, que je me prends à regretter les épo-
ques de la chevalerie où un damoiseau s'en allait
gagner ses éperons de chevalier avant d'épouser la
dame de ses pensées.

— Hélas! m'écriai-je, il n'y a plus de croisades.

— Non, mais cependant je n'épouserai jamais un
homme qui n'aura point couru le monde et vu du

pays. Vous m'aimez, je le crois; moi aussi, je vous aime. Vous voulez m'épouser? eh bien ! j'y mets une condition. Vous irez à Paris ..

Je frissonnai.

— Vous y passerez deux ans.

— Deux siècles ! m'écriai-je.

— Non; et d'ailleurs, puisque vous m'aimez...

— Soit, j'irai à Paris.

— Vous y compléterez votre éducation; — je vous permets même d'y courir les aventures, — et vous reviendrez ensuite.

— Et alors? demandai-je les larmes aux yeux.

— Alors, nous verrons.

V

Le lendemain, mon grand-père me dit :

— Il faut qu'un jeune homme de bonne famille voie Paris; tu partiras ce soir. Madame de Flavy a bien voulu m'envoyer quelques lettres de recommandation pour ses amis de Paris.

Et je partis le soir même, emportant un baiser que la femme que j'aimais m'avait mis au front.

VI

Je glisse sur les deux années que je passai à Paris.
Mon grand-père m'y faisait une pension convenable
qui me permit de mener cette existence facile, oisive
et luxueuse d'un fils de famille.

D'excellentes relations dans le monde, un nom,
une physionomie expressive suffisent à procurer à
un jeune homme ces aventures que madame de
Flavy m'avait autorisé à courir. Mon écorce de pro-
vincial tomba à ce souffle élégant de la mode qui
métamorphose si rapidement. J'obtins des succès

de tout genre et dans tous les mondes; mon éducation fut complète au bout de quelques mois, et je
n'eus bientôt plus rien à envier à ces lions et à ces
dandys du boulevard, dont la folle existence me sé-
duisit, à mon arrivée, au point de me faire oublier
un peu la charmante femme qui m'exilait avec un
sourire et m'envoyait mériter à Paris, la nouvelle
Palestine, mes éperons de chevalier.

Je m'acquittai de ma mission avec un tel zèle,
que, plus d'une fois, il m'arriva de passer de longues
journées sans songer à madame de Flavy. Cependant, lorsqu'au milieu de ma vie dissipée survenait
une heure de lassitude et de tristesse, une désillu-
sion, un chagrin, mon cri et ma pensée se tournaient
vers l'horizon, et il me semblait voir alors, dans le
lointain, briller doucement une étoile qui m'appelait et m'indiquait ce pôle tempéré qu'on nomme le
repos et le bonheur.

Je revoyais cette tête pâle et suave, ces longs
cheveux noirs, cet œil bleu si doux, cette taille frêle
et charmante, tout cet ensemble gracieux qui consti-
tuait la femme de mon premier rêve, cette belle ma-

dame de Flavy qui m'avait mis un baiser au front en me disant : — Partez et revenez ; plus tard... nous verrons...

Que de fois, en fumant, d'un air ennuyé, mon cigare havanais sur le sofa d'une maîtresse, me pris-je à regretter le petit salon du rez-de-chaussée des Aurettes, et cette bergère à fond canné au bas de laquelle je m'asseyais près d'elle!... Que de fois aussi, sous les ombrages de Saint-Germain ou de Montmorency, songeai-je au petit bois de chênes-liéges et de pins des Alpes où *elle* s'appuyait sur mon bras!...

Et cependant, aussi, la vie parisienne est si douce aux oisifs dont la bourse est arrondie et qui ont un aïeul pourvu d'un banquier, les glaces de Tortoni ont un tel parfum, le Bois possède des allées si ombreuses et si fraîches, l'Opéra des loges si dérobées aux regards du vulgaire et des coulisses si merveilleusement encombrées, que les deux années fixées par madame de Flavy s'écoulèrent, puis une troisième...

Un matin je reçus une lettre ainsi conçue :

17.

« Mon cher Maxime,

« Je me souviens d'une histoire du temps des croisades, et je veux vous la raconter, espérant qu'elle
pourra vous distraire, même au milieu des bruyants
plaisirs de Paris. Il était une fois un chevalier de
dix-huit à vingt ans, vaillant et beau comme il appartient à un gentilhomme de bonne race. Ce chevalier aimait éperdument une châtelaine dont le manoir s'élevait à un quart de lieue du sien. Il l'alla
visiter un jour et lui avoua sa flamme. La châtelaine
sourit, car elle l'aimait pareillement ; cependant elle
lui dit : — Sire chevalier, votre amour me plaît fort,
Dieu m'en est témoin, et je voudrais vous accorder
ma main sur-le-champ ; malheureusement, vous n'a-
vez point fait vos preuves de bonne loyauté, et je
me suis juré de n'épouser qu'un vaillant homme qui
aurait combattu les infidèles, et cherché à conquester
le tombeau de monseigneur Jésus-Christ. Le chevalier, qui s'était mis aux genoux de la châtelaine, se

releva avec enthousiasme, prit son épée et lui dit :
— Vous serez obéie, noble dame, et vous n'épouse-
rez qu'un vaillant homme. Quelle durée fixez-vous à
mon exil? — Cinq ans, répondit-elle.

« Le chevalier partit, mon cher Maxime, il fit
maintes prouesses en Terre sainte, et il y prit un tel
goût que les cinq années s'écoulèrent, puis cinq autres, et il ne songea plus à revenir en Europe. Pourtant, sa châtelaine l'attendait, elle l'attendit longtemps avec patience et courage ; puis, un jour, elle
apprit que l'infidèle chevalier avait pris femme en
Orient, et je crois qu'elle se repentit de l'avoir en-
voyé en Palestine. Hier au soir, mon ami, au coin
de mon feu solitaire, je songeais qu'il y avait trois
longues années que vous étiez parti...; il me sembla
que ne j'avais parlé que de deux. Aurais-je donc été
folle d'imiter la pauvre châtelaine ?

« Votre grand-père est bien vieux, les ans com-
mencent à lui peser; il se voûte et ne sort plus qu'a-
vec sa canne. Il a fait sa paix avec les chevreuils et
les lapereaux ; les perdrix chantent impudemment
sous sa fenêtre. Je crois qu'il tourne bien souvent

ses regards vers le nord, l'horizon qui cache Paris.
Ne trouvez-vous pas que vos preuves sont faites?

« Adieu!...

« Comtesse DE FLAVY. »

Cette lettre me parvenait, par un singulier fait du
hasard, un jour où j'étais en proie à la plus noire des
mélancolies. J'avais été trahi la veille par une écuyère
du Cirque, et, dans la soirée, j'avais perdu mille louis
à la bouillotte de mon club.

Cette lettre m'arrivait comme un souvenir du pays
natal, comme l'haleine parfumée du premier amour.
Le château, les Aurettes, mon aïeul et cette ravis-
sante femme qu'on nommait madame de Flavy, je
revis tout et m'écriai :

— Arrière, ville infâme et souillée, où tout se
vend et s'achète! arrière, Babylone des amours fa-
ciles! je pars! Je vais la revoir! je l'épouserai! je
serai heureux!

Et je partis, en effet, non sans quelque hésitation;
mais, enfin, quarante-huit heures après, j'étais à
Grenoble, et le jour suivant, au moment où la nuit

tombait, j'arrivais au sommet d'un coteau du haut duquel on apercevait dans la plaine le château de mon grand-père et la villa de madame de Flavy.

Je mis mon cheval au galop, en proie à cette émotion étrange et presque enfantine de celui qui revoit, après une longue absence, la vallée natale, la fumée du toit paternel, et, perdue au loin dans la brume, la maison de sa première maîtresse.

En moins de vingt minutes ma monture s'arrêta essoufflée et couverte de sueur à la grille du château; une lettre partie avant moi avait annoncé mon arrivée, si bien que tout le monde était sur pied et m'attendait.

Mon excellent aïeul, qui, une lunette d'approche à la main, avait établi, depuis plusieurs heures, son observatoire en haut d'une tour, accourut au moment où je franchissais la cour; et il me parut si vert, si ingambe, si joyeux, qu'en me jetant dans ses bras je fis la réflexion que madame de Flavy m'avait légèrement exagéré ses infirmités.

Ma rentrée au château fut triomphante : les pâtres, les bouviers, les domestiques m'entouraient et me

baisaient les mains; mon grand-père allait et venait
d'un pas alerte, gourmandait la cuisinière, qui était
en retard, revenait à moi, me faisait mille questions,
m'embrassait de nouveau,— et jusqu'à mes bassets,
devenus vieux et grognons, qui hurlaient en sautant
après moi et semblaient me reprocher le bien-être
des chevreuils, nos voisins, lesquels, d'après madame
de Flavy, vivaient comme des coqs en pâte depuis
longtemps déjà.

Le piqueur du château, le vieux Sonne-Toujours,
— c'était le sobriquet cynégétique que lui avait valu
la vigueur de poumons avec laquelle il entamait un
lancer ou un *hallali*, — vint à son tour, tandis que
je suivais mon aïeul à la salle à manger, m'offrir ses
respectueuses félicitations; puis il s'adressa à mon
grand-père ;

— Chassons-nous demain, monsieur le marquis?

— Ma foi, non! répondit-il en souriant, demain
je me repose.

Je regardai mon grand-père avec étonnement :

— Vous chassez donc? m'écriai-je.

— Sans doute, comme toujours.

— Mais...

— Mais tu me trouves trop vieux, n'est-ce pas!
Les jeunes gens sont tous les mêmes ; ils s'imaginent
qu'à soixante et quelques années un homme n'est
plus bon à rien. Eh bien ! vous vous trompez, monsieur, et je chasse encore, et presque tous les jours.
Il est vrai que j'ai renoncé au chamois, que je ne
cours plus le bouquetin à cheval, et que je me suis
défait de mes grands chiens de Vendée, qui, tu le
sais, ont un jarret d'enfer, mais j'ai acheté un équipage de ces chiens allemands que mon camarade aux
gendarmes de Lunéville, le marquis de Foudras, —
le meilleur veneur de son temps, s'il vous plaît ! —
nommait des chiens de porcelaine, et, avec eux, je
fais merveille. Ils sont peu vites, je puis les suivre à
pied, et ils ont une voix qui éclipse la fanfare la plus
vaillante de Sonne-Toujours.

Après cette éloquente tirade, mon grand-père me
regarda d'un air malicieux.

— C'est madame de Flavy, lui dis-je, qui m'a
écrit.

— Bon! je le sais. Elle s'est moquée de toi. Que

veux-tu? il fallait bien trouver un prétexte pour
te ramener ici. Il paraît que tu te plaisais fort à
Paris...

— Oh! bon papa...

— Mais, enfin, te voilà, et quant à madame de
Flavy, je t'assure...

J'interrompis vivement mon grand-père.

— Je vais remonter à cheval après souper, lui
dis-je.

— Pourquoi faire?

— Pour courir aux Aurettes.

— Ta, ta, ta! pressons-nous moins, je te prie. Tu
ne songes pas qu'il est neuf heures et demie, qu'il
en sera dix avant que tu sois aux Aurettes, que madame de Flavy est devenue campagnarde et qu'elle
se couche de bonne heure. Ce serait inconvenant de
la faire lever. Attendons demain.

— Mais...

— Je comprends ton impatience, mais c'est abso-
lument impossible.

Mon grand-père avait parfaitement raison; je le

compris et me résignai. On dit que les amoureux ne
dorment pas, ceci est une erreur profonde. Je me
mis au lit à dix heures, et m'éveillai tout honteux
le lendemain, en m'apercevant qu'il en était huit.
Mon grand-père était allé tirer des lapins dans sa ga-
renne.

Par l'empressement que je mis à m'habiller, je
rattrapai le temps perdu et me trouvai bientôt sur la
route des Aurettes.

J'étais parti au printemps, je revenais trois années
plus tard au commencement de l'automne. L'automne, même dans ses plus beaux jours, a toute la
mélancolie, toute la poétique lassitude de la maturité
approchant du déclin. C'est la trente-cinquième année des femmes.

Le paysage était encore beau, les montagnes vertes, le soleil tiède, le vent doux ; — cependant les
collines lointaines avaient dépouillé leur mantelet de
gaze bleue, l'herbe des sentiers perdait son vert
foncé et commençait à jaunir, quelques nuages oran-
gés passaient çà et là entre la terre et le ciel, amor-
tissant les rayons solaires, et, dans l'haleine du vent,

18

on sentait déjà l'âpre frisson des bises d'hiver. Les
prairies étaient veuves des marguerites blanches et
des liserons bleus ; — les nénuphars et les vergiss-
mein-nicht des ruisseaux s'inclinaient fanés et tristes.
Il semblait que la nature avait vieilli et qu'en vain
elle essayait de racheter ses rides par ce dernier sourire, ou tout au moins de se les faire pardonner, à
l'aide de cette toilette fanée.

Malgré moi, je pris garde à ce commencement
de décrépitude, et je m'en affectai sans trop savoir
pourquoi. Je vis avec peine, au bord du sentier, des
peupliers qui avaient, en mon absence, grandi d'une
coudée. Il me sembla que la grille du parc des Aurettes, devant laquelle je m'arrêtai le cœur ému,
était rouillée outre mesure.

Rien n'afflige la jeunesse comme la vieillesse de ce
qui l'entoure.

La grille était ouverte, j'entrai dans le parc, puis,
mon émotion redoublant, je m'arrêtai devant ce banc
rustique où, si souvent, je m'étais assis auprès de
madame de Flavy.

Et là, fermant les yeux, je la revis dans toute la

splendeur de sa poétique beauté, son frais sourire aux lèvres, passant sur le dos de mes chiens sa belle main blanche aux ongles si roses, ou fouettant de la cravache, avec une mutine impatience, les tiges de pavots qui mouchetaient de taches rouges les bruyères noires.

Je ne sais combien de temps je serais demeuré à cette place sans oser avancer, si je n'eusse tout à coup entendu un bruit de pas sur les feuilles jaunies des marronniers, dont la bise d'automne avait jonché les allées, et, levant la tête aussitôt, je vis venir à moi madame de Flavy.

Je m'élançai à sa rencontre, puis, à deux pas d'elle, l'émotion me cloua au sol.

Elle était simplement vêtue, coiffée de son large chapeau de paille, chaussée de brodequins de peau blanche. Cette coquetterie qui préside aux toilettes les plus négligées des élégantes et qui la distinguait avant mon départ avait disparu; elle n'était plus gantée, sa main était même un peu brunie, comme son visage; le nœud de rubans de son tour de col était fané, une robe montante avait remplacé ce

corsage ouvert presque voluptueusement, à travers
la guimpe de dentelles duquel mon regard s'était
permis jadis de plonger avec audace.

J'avais acquis, à Paris, ce coup d'œil sûr avec
lequel on enveloppe une femme des pieds à la tête,
sans qu'une négligence ou une imperfection vous
puisse échapper ; — et quelque tremblant, quelque
palpitant que je fusse, je remarquai en deux secondes
tous ces riens que je nommerais volontiers des
avaries.

C'était cependant toujours cette belle et rayonnante madame de Flavy, avec son col de cygne et sa
taille de reine, — et lorsque, faisant elle-même les
deux pas que je n'avais plus la force de faire, elle
m'eut tendu les mains en s'écriant : « Ah ! vous
voilà enfin ! » l'impression pénible que j'avais
éprouvée disparut, et je me jetai dans ses bras aussi
ému, aussi frissonnant d'amour que le jour où je la
quittai lui laissant mon cœur tout entier et emportant son baiser d'adieu.

— Vous voilà ! reprit elle ; oh ! venez, mon cher
Maxime, venez, nous avons tant à causer !

Elle m'entraîna d'un pas rapide jusqu'à ce petit salon où j'avais passé près d'elle tant de charmantes heures; nous nous assîmes l'un près de l'autre, les mains dans les mains, et, sous l'influence de ces lieux qui me rappelaient mon amour, je me pris à la contempler avec admiration.

— Oh! lui dis-je, vous êtes toujours belle, madame...

Toujours, fit-elle en souriant, c'est un bien vilain mot, mon pauvre Maxime, cela veut dire : Vous êtes encore belle...

— Ah !

— Mais vous l'êtes moins. Que voulez-vous, mon ami, tout vieillit en ce monde, les femmes plus vite que personne. Tenez, ajouta-t-elle, me montrant le paysage par la fenêtre ouverte, voyez cette nature; elle est belle encore, n'est-ce pas, et cependant il y a étendu sur elle un voile de mélancolie profonde; elle est triste malgré son sourire, elle regrette le printemps. Au printemps, l'ombre qui descend des collines, pour la nature entière, n'est qu'un sommeil, un court repos pendant lequel la rosée épan-

dra ses perles, et les fleurs s'ouvriront pour murmu-
rer entre elles une chanson d'amour. A l'automne,
l'ombre qui s'allonge dans la plaine n'apporte ni
rosée ni refrain voluptueux ; l'ombre d'alors, c'est
la nuit !

Il en est de même des femmes, ami : à leur printemps, l'ombre n'est qu'une image qui passe, la
tristesse, un orage fugitif qu'un frais sourire dissi-
pera. Les larmes qu'elles versent, quelle que soit leur
douleur, ressemblent à la rosée. Quand vient l'automne, l'ombre pour elle, c'est l'aride qui point ; le
filet d'argent qui se glisse parmi l'ébène de leur
chevelure, c'est leur sourire qu'attriste la première
haleine de l'âge mûr.

Tandis qu'elle parlait, je la regardai, et il me
sembla qu'elle avait une ride au coin des tempes,
un filet d'argent épars çà et là dans les bandeaux
noirs de ses cheveux, un sourire rempli de mélancolie
sur ses lèvres qui n'avaient plus ce ton rouge et vif
qui seyait si bien à sa pâleur.

Un soupir m'échappa ; elle en devina la significa-
tion et me dit avec enjouement :

— Mon trente-troisième hiver est sonné, mon ami, et nous sommes en plein automne.

Elle me parut si belle en prononçant ces derniers mots, que je me mis à genoux et m'écriai :

— Oh ! qu'importe ? qu'importent votre âge et ce souffle de maturité dont vous parlez ? N'êtes-vous point la femme de mes rêves, mon premier, mon unique amour ? N'ai-je point mis tout mon bonheur à venir, tout mon espoir, toute mon âme dans notre union ?

— Enfant, murmura-t-elle pendant que je couvrais ses mains de baisers, cher enfant, avez-vous songé à une chose, c'est que vous avez vingt et un an à peine ?

— Je vous aime...

— Moi aussi, je vous aime, mon cher Maxime, mais je vous aime comme un fils, comme mon élève, comme ce gracieux et naïf jeune homme qui fut mon chevalier, mon compagnon...

— Oh ! m'écriai-je, vous me faites un mal affreux !

— Savez-vous, reprit-elle, que j'aurai quarante

ans lorsqu'à peine vous en atteindrez vingt-huit?
Savez-vous qu'alors je serai vieille et si ridée qu'on
vous prendra pour mon fils, et que dans le monde,
à Paris, quand nous entrerons dans un salon, on dira
peut-être : — Voici le jeune marquis Maxime de R...
et sa mère...

— Nous vivrons ici, j'ai Paris en horreur, et je
n'y veux point retourner. Vous êtes la femme de
mon rêve, je vous aime, à quoi bon ces dures paroles?

— Tenez, me dit-elle, j'ai une douzaine de cheveux blancs ; voyez mes tempes ; elles sont parse-
mées de ces petites taches brunes qui disent l'âge des
femmes, en dépit de leur éclat prolongé, de leurs
fraîches toilettes et de leur femme de chambre sans
cesse occupée de les rajeunir...

— Mais vous ne m'aimez donc plus! m'écriai-je,
remarquant malgré moi toutes ces choses; vous ne
m'aimez donc plus, que vous cherchez à me désillu-
sionner ainsi? Pourquoi m'exiler il y a trois ans?
Pourquoi me rappeler ensuite, si c'était pour me
dire : Il faut renoncer à moi!

— Pourquoi? fit-elle en souriant, vous me demandez pourquoi je vous ai rappelé? Eh bien! attendez...

Elle se leva, ouvrit une porte et appela :

— Laurence!

Je tressaillis à ce nom, car je savais que madame de Flavy avait une fille de ce nom qu'on élevait dans un couvent de Paris.

A l'appel de madame de Flavy, deux personnages parurent. Le premier était mon grand-père, donnant galamment la main à une jeune fille de seize ans, qui vint à nous rougissante et les yeux baissés.

Elle était grande comme sa mère, belle comme elle, et la ressemblance était si grande entre la mère et la fille, qu'on eût dit une sœur aînée et sa cadette.

Il n'y avait de l'une à l'autre que la différence d'une matinée de printemps à une matinée d'automne.

Laurence, c'était madame de Flavy plus jeune, la femme de mon rêve à seize ans.

— Maxime me dit madame de Flavy, en souriant, voulez-vous me permettre de vous présenter à ma fille?

Puis elle ajouta tout bas, en se penchant à mon oreille :

— Comprenez-vous, maintenant, pourquoi je vous ai rappelé?

Je me mis à genoux devant elle, je mis le plus respectueux des baisers sur sa main, et je lui murmurai tout bas aussi :

— Savez-vous que le bonheur que vous me faites va me coûter une larme de regret!

LE

TUEUR D'OURS

LAURE DE V... A FANNY ROSAL

Paris, 13 avril 1845.

« Dans ma dernière lettre, ma bonne Fanny, je t'ai annoncé mon prochain voyage en Suisse ; je pars aujourd'hui même, avec mon excellent oncle, M. de Loisery. Que ne pouvons-nous t'emmener ! Mais puisque la maladie de ton père te retient au fond de

ta Bretagne, je veux au moins que tu fasses en imagination la même route de moi ; et de chacune
de mes stations je t'enverrai mes impressions de
voyage, etc. »

II

Mademoiselle Laure de V*** partit, en effet, le 13 avril 1845, en chaise de poste, avec son oncle, le baron de Loisery, et n'oublia point sa promesse. De Berne, Lucerne, Chamouny et Genève, elle adressa à son amie Fanny Rosal de volumineuses lettres contenant ses impress'ons, — lesquelles impressions ressemblaient à celles de tous ceux qui port.nt leur ennui en Suisse, pour en rapporter en échange une courbature et des sciatiques ; nous nous dispenserons de les écrire. Seulement, M. de Loi-

sery, après avoir conduit sa nièce sur tous les glaciers
et au bord de tous les lacs, poussa ses pérégrinations
jusqu'en Savoie. Ici commence notre histoire. Lais-
sons parler notre héroïne.

III

« Je date ma lettre d'un rocher situé à quinze
cents toises au-dessus du niveau de la mer, et c'est
assise sur un escabeau, au coin d'un feu de bruyères
et sous le chaume d'une cabane du mont Cenis, que
je prends la plume pour t'écrire, ma chère amie.

« Jusqu'ici tout ce que je t'ai raconté n'avait, je
le crains, qu'un intérêt médiocre, mais je suis à
cette heure sous l'impression neuve encore d'un récit

qui, j'en suis sûre, te causera, comme à moi, une
certaine émotion. Écoute :

« Il y a trois jours, nous arrivâmes à Aoste, un
joli village couché sur le flanc d'une vallée délicieuse ; au nord, le mont Cenis dressait sa tête chauve
surmontée d'un ermitage et d'une chapelle. — Mon
oncle s'informa d'un guide ; le maître de l'auberge
où nous étions descendus se chargea de nous en
trouver un, et l'ascension fut remise au lendemain.
Le lendemain, en effet, nous fûmes éveillés de bonne
heure par notre hôte : deux mulets tout harnachés
attendaient à la porte, et près d'eux se tenait un
homme de trente-cinq à quarante ans, vêtu du costume des montagnards savoisiens, une carabine sur
l'épaule et un bâton à corne de chamois à la main.
C'était notre guide.

« Il était alors six heures du matin.

« Je ne te parlerai pas de notre ascension ; elle
ressemble à celle de toutes les montagnes de la chaîne
alpestre : un chemin ardu, caillouteux, bordé de ge-
névriers et de pins rabougris, de temps à autre un
torrent qui roule avec fracas, et par-dessus lequel on

a jeté un tronc d'arbre en guise de pont, parfois une
source suintant à travers la fissure d'une roche, puis
encore une sombre gorge, que l'on traverse et qui
forme comme un pli gigantesque du manteau gri-
sâtre qui semble envelopper les Alpes ; — enfin, à
droite, un précipice, à gauche un roc à pic, sous les
pieds une mer de collines, de vallées, de fleuves et
de rivières, rubans argentés qui sillonnent des plaines immenses, fuient des deux versants des montagnes vers la mer.

« Au bout de cinq heures de marche nous étions
arrivés à une hauteur telle qu'Aoste ne nous apparaissait plus que comme une tache cendrée, découpée
sur un fond vert sombre. Mes précédentes ascensions
m'avaient aguerrie, et, la tête ne me tournant plus,
j'arrêtai mon mulet pour considérer à mon aise ce
panorama sans rival, qui m'offrait, à la fois, d'un
côté les plaines jaunes du Piémont, de l'autre les
vertes vallées du Dauphiné.

« Mon oncle m'imita, et notre guide, assez taciturne jusque-là, nous demanda si le site que nous
parcourions était de notre goût. C'était, pour lui,

une manière d'entamer la conversation qui, après avoir effleuré bon nombre de sujets relatifs aux lieux où nous nous trouvions, s'arrêta sur les bêtes fauves qui peuplent les solitudes des Alpes, et particulièrement sur les ours.

« Notre guide était un chasseur déterminé, et devenu loquace, grâce à quelques gouttes d'excellent rhum que mon oncle lui passa dans sa gourde, il nous conta en chemin plusieurs de ses prouesses : il avait tué bon nombre de ces terribles animaux, et il était avantageusement connu dans la contrée par son habileté et son sang-froid.

« Mais, ajouta-t-il, en terminant l'histoire d'un ours qu'il avait récemment porté à la mairie d'Aoste, j'avoue que jamais je n'ai fait preuve d'autant de sang-froid et de courage qu'un jeune Parisien qui vint, il y a deux mois, passer une quinzaine de jours à la maison et que je menai à la chasse.

« A ce mot de Parisien, prononcé à deux cents lieues de Paris, au milieu d'un désert et par une bouche non française, j'ouvris mes oreilles toutes grandes, et ma curiosité fut piquée au plus haut point. Je regardai M. de Loisery fort éloquemment sans doute, car il pria le guide de nous conter son anecdote.

« — Pour mieux comprendre, nous dit le chas-- seur, nous allons faire un bout de chemin encore, et nous nous trouverons sur le lieu même où s'est passée la chose.

« Nous nous remîmes donc en route, et, au bout d'un quart d'heure, le sentier que nous gravissions péniblement, tournant brusquement à droite, nous montra le lit d'un torrent qui roulait sur un plan presque perpendiculaire et coupait le chemin en deux. Un pont de bois était jeté dessus ; au-dessous s'ouvrait un abîme qui donnait le vertige

« — C'est là, nous dit le guide en nous désignant, à quelques toises plus bas, un nouveau pont formé, non plus de poutres et de planches solidement réu- nies, mais d'un simple sapin couché en travers, sur lequel un seul homme pouvait passer de front. Au- dessus et au-dessous, le torrent mugissait avec un bruit horrible ; celui qui se fût aventuré sur ce frêle passage, et à qui le pied eût manqué, se fût précipité vivant au fond de l'abîme, qui n'eût rendu son cadavre que par lambeaux informes.

« Mon oncle ordonna une deuxième halte, et Jacques (c'était le nom de notre guide) nous raconta ce que tu vas lire :

« — Un matin, dit-il, comme je descendais à Aoste, je rencontrai un beau jeune homme de vingt-six ans peut-être, avec un fusil sur l'épaule et un bâton comme celui-ci.

« — Mon brave, me dit-il, suis-je bien loin encore d'une ferme quelconque, où je puisse passer quelques jours à chasser, boire du lait et herboriser?

« — Ma foi! monsieur, répondis-je, si vous voulez venir chez moi, vous y serez chez vous.

« — Est-ce loin ?

« — Une heure de marche.

« — Bien, je vous suis.

« C'était un Parisien, à ce qu'il me dit, qui voyageait pour son agrément. Nous lui cédâmes notre lit; il partagea notre soupe et s'installa. Le lendemain, il s'éveilla de bonne heure.

« — Y a-t-il du gibier ici? me demanda-t-il.

« — Plus que vous n'en tuerez jamais, fis-je, un peu vexé de la question.

« — Eh bien! mon brave, continua-t-il, prends ton fusil, et en route. Nous ferons ainsi tous les jours, puis, lorsque je partirai, nous compterons, et je te payerai tes journées.

« Cela m'allait comme un gant.

« — Pourvu que vous me laissiez mes nuits, c'est tout ce que je demande.

« — Tes nuits! Pourquoi faire?

« — Dame! fis-je en riant, nous faisons un peu de contrebande par ici...

« — Je comprends, me dit-il; et, mordieu! j'en suis fort aise! Le jour, la chasse; la nuit, la contre-bande. Si tu veux m'associer avec toi, je vais avoir un genre de vie délicieux, que mes amis de Paris m'envieront certainement.

« Je trouvais assez raisonnable qu'un beau mon-sieur comme lui aimât la chasse; mais que, parais-sant *avoir de quoi*, il voulût faire de la contreb:nde, dame! ça me paraissait un peu drôle.

« — Faudra-t-il partager? demandai-je.

« — Les dangers, oui ; les profits seront pour toi.

« — Comme vous voudrez, lui dis-je. Quand partons-nous ?

« — Nous irons tuer un chamois aujourd'hui, et ce soir tu me conduiras où tu voudras.

« Or, dans ce pays-ci, voyez-vous, les chamois et les ours, ça loge pêle-mêle ; de façon qu'en cherchant l'un, bien souvent on trouve l'autre.

« Justement ce jour-là, comme nous arrivions sur le bord du torrent, nous aperçûmes une masse brune immobile sur ce rocher que vous voyez là, derrière vous. C'était un bel ours de la grosse espèce.

« — Ah ! parbleu ! me dit le Parisien, tu dois me faire l'honneur de tes domaines, et c'est moi qui le tuerai.

« Je me grattais encore l'oreille pour trouver une bonne raison à lui donner, attendu que je n'avais guère confiance à lui, qu'il était sur ce sapin que vous voyez, et qu'il s'en servait comme d'un pont pour traverser le torrent, car l'ours était hors de portée.

« Le bruit et le courant de l'eau avaient étouffé nos paroles et détourné notre odeur ; si bien que notre ours dormait tranquillement le mufle sur ses pattes.

« Le Parisien, sans faire attention à la profondeur du gouffre, traversa le torrent, fit quelques pas de plus, et ajusta l'ours à la tête.

« Je vous avoue qu'en ce moment j'eus une frayeur véritable. Tirer l'ours ailleurs que sous le ventre ou au défaut de l'épaule, c'est le blesser et le rendre furieux, mais non point le mettre hors de combat. Je voulus crier, mais l'eau mugissait. J'avançai le pied sur le tronc du sapin pour rejoindre mon imprudent compagnon... mais il était trop tard... Le coup partit, et l'animal bondit sur ses pieds et fit entendre un terrible hurlement, puis il s'élança et revint sur le coup, debout sur ses pieds de derrière et la lèvre bordée d'une écume rouge, qui me prouva que la balle lui avait effleuré la mâchoire.

« En ce moment il présentait le flanc, et je voulus l'ajuster ; mais le Parisien me prévint encore, et lâcha son deuxième coup de fusil. Bien ajusté,

le monstre était mort; malheureusement la balle,
au lieu de le frapper en pleine poitrine, l'atteignit
dans le bas-ventre. L'ours poussa un grognement
plus strident, et se trouva d'un bond sur le chasseur,
qui venait de reculer jusqu'au tronc de sapin. Je
voulus faire feu une seconde fois ; mais l'animal était
masqué par le jeune homme, et tirer sur l'un c'était
tuer l'autre.

« Dame ! murmura le guide, tandis que mon oncle et moi écoutions, domptés par l'intérêt du récit,
quand on va voir mourir un homme sans pouvoir
le secourir, le meilleur est de prier pour lui... Je
fis un signe de croix, car j'avais la conviction que
mon compagnon était perdu, et je fermai les yeux
pour ne point le voir broyé sous les griffes du monstre... Quand je les rouvris, j'aperçus un groupe informe se balançant au milieu du tronc de sapin, sur
le gouffre qui semblait l'attirer à lui. Le Parisien se
trouvait enlacé par l'ours, qui l'étouffait sur sa poitrine velue. Il avait voulu rétrograder et mettre le
torrent entre lui et son implacable ennemi; mais celui-ci l'avait suivi et atteint au milieu du chemin...

« J'eus une nouvelle tentation d'envoyer mes deux balles à l'ours, mais à quoi bon? Frappé à mort, il entraînait sa victime dans sa chute; blessé, il l'étouffait d'une seule pression.

« Ma sueur était glacée, je voulus fuir... mais une force invincible me clouant au sol, je demeurai le spectateur épouvanté de cette lutte sans issue.

« Les deux adversaires chancelaient sur cet étroit point d'appui, à chaque seconde ils pouvaient perdre l'équilibre et rouler dans le précipice... Tout à coup l'ours poussa un cri rauque, ouvrit brusquement ses larges membres, et, tombant à la renverse, disparut au fond du gouffre et ricocha sur les rochers qui servaient de lit au torrent, comme une masse inerte et flasque.

« Quant au Parisien, il était debout et tranquille, un couteau à manche de nacre à la main... il avait poignardé l'ours. Son fusil, qu'il avait jeté comme une arme inutile, était demeuré sur l'autre rive; il alla le chercher, repassa le torrent avec le plus grand calme, et vint à moi, qui demeurais étourdi :

« — Eh bien! me dit-il, n'y aura-t-il pas moyen d'en avoir la peau?

« — Ma foi! murmurai-je, si vous voulez aller la chercher, vous la trouverez un peu détériorée.

« — Ce soir, dit-il, nous ferons de la contrebande : viens déjeuner.

« Je t'avoue, ma chère Fanny, qu'un pareil récit, fait sur les lieux, bien que dans la bouche d'un paysan, avait quelque chose de sublime!

« Et comment se nommait ce jeune homme? demanda vivement mon oncle.

« — Pour son *vrai nom*, répondit Jacques, je ne l'ai jamais su, ni ma femme non plus ; mais, de son *petit nom*, nous l'appelions M. Octave.

— « Et il était Parisien! exclamai-je.

« — Oui, mademoiselle ; il le disait, du moins. Au reste, ce devait être un monsieur bien riche ; outre qu'il était très comme il faut, car, lorsqu'il est parti, il m'a laissé une poignée de pièces d'or, avec laquelle j'ai acheté un champ tout auprès de not' chaumière.

« M. de Loisery piqua son mulet, nous traversâmes

le pont et continuâmes notre route. Jacques sifflotant une montagnarde, mon oncle rêvant je ne sais à quoi, et moi toute pensive de ce que je venais d'entendre.

« Au bout d'une heure, nous aperçûmes au-dessus de nos têtes une petite maison blanche à toiture de paille, bâtie au milieu d'un maigre bouquet de sapins et enrichie d'un petit jardin potager que clôturait une haie vive. C'était la chaumière de notre guide.

« Un grand chien noir et blanc, de l'espèce qu'on nomme braque d'Espagne, se mit à aboyer à notre approche, puis accourut sauter autour de son maître et se frotter à ses jambes.

« Aux jappements du chien, une femme et un enfant joufflu et les cheveux en broussailles, parurent sur le seuil de la cabane et vinrent à notre rencontre.

« — Bonjour, femme, dit Jacques, bonjour, *petiot*, voilà un monsieur et une dame qui veulent visiter l'ermitage et qui coucheront chez nous aujourd'hui.

« Je te fais grâce des détails de notre installation. On nous servit une omelette, un morceau de lard et un poulet de la basse-cour. Un grand feu fut allumé dans l'âtre, et nous commençâmes, mon oncle surtout, à savourer ce bien-être du *far niente*, cette douceur du repos absolu, que l'on ne goûte réellement qu'après une promenade pareille aux sept heures d'ascension que nous venions de passer.

« Après son dîner, M. de Loisery tira un cigare de sa poche, et me combla de joie en adressant à notre hôte une question que je n'osais faire moi-même.

« — Eh bien! demanda-t-il, votre Parisien fit-il réellement de la contrebande avec vous?

« — Pardine! répondit le montagnard, et même qu'il me donna encore un crâne échantillon de son savoir-faire.

« — Qu'est-ce donc? m'écriai-je involontairement.

« Mon oncle me regarda en souriant.

« — Peste! murmura-t-il, quel enthousiasme, ma petite curieuse! Voyons, Jacques, contez-nous cela.

« Jacques nous demanda la permission d'allumer sa pipe et commença :

« — Le soir de ce fameux jour de l'ours, dit-il, nous descendîmes avec nos fusils jusqu'à la frontière de France, où nous trouvâmes des camarades qui passaient des châles de Lyon. Nous les accompagnâmes, sans être inquiétés par les douaniers, et à deux heures du matin nous étions de retour.

« — C'est fade, me dit le Parisien; il paraît que les douaniers de Sa Majesté Sarde aiment à dormir.

« — Patience, lui dis-je, ce n'est pas toujours si commode. Précisément, huit jours après, nous revenions portant chacun un ballot de dentelles, et nous étions dans cette gorge que vous voyez là-bas au couchant...

« Et le doigt de Jacques nous montrait un vallon couvert de sapins, par la porte entre-bâillée.

« — Il faisait nuit comme dans un four; pas de lune, pas d'étoiles. Mon chien allait en avant pour éventer le chemin, et nous marchions lentement, le fusil sur l'épaule, prêtant l'oreille au moindre bruit...

« — Ah çà, me dit le Parisien, si nous étions pris, que nous arriverait-il?

« — Dame! les galères ; à moins qu'une bonne balle en pleine poitrine ne nous dispensât de nous réveiller le lendemain.

« — Diable! fit-il, va pour la balle, mais les galères!

« Juste au même instant Ralph revint au galop.

« Quand Ralph revenait ainsi, cela signifiait que le danger n'était pas loin.

« — Attention ! murmurai-je tout bas.

« Mais, quand le diable s'en mêle, voyez-vous, ça finit toujours mal. Nous entendîmes presque aussitôt les pas d'une troupe d'hommes et une voix qui disait : « Cherche, Fanor, cherche!

« Un jappement répondit à ces mots, et un chien s'élança dans notre direction; en même temps Ralph se mit à grogner, quoique je l'eusse saisi au cou pour étouffer ses hurlements, et, pour comble de

malheur, la lune se leva derrière les sapins et pro-
jeta sa clarté autour de nous.

« Avec son aide nous aperçûmes les douaniers ;
ils étaient une dizaine, et venaient sur nous, guidés
par leur maudit chien et les grognements du nôtre.

« — Ma foi ! monsieur Octave, dis-je au Parisien,
nous sommes pincés, et il faut choisir des galères
ou de la balle en question.

« Le Parisien réfléchit un moment.

« — Nous en tuerons bien quatre, me dit-il,
mais les huit autres...

« — Les huit autres vous tueront.

« — Voilà justement ce qui ne doit pas être.

« — Alors nous irons aux galères.

« — Pas davantage. Obéis-moi en tout et pour
tout, et laisse-moi faire.

« Je n'eus pas le temps de répliquer, les douaniers
nous ajustèrent et menacèrent de faire feu si nous ne
nous rendions.

« — Nous nous rendons ! cria le Parisien.

« — Nous rendre ! exclamai-je.

« — Chut ! et obéis, me dit-il ; tu verras.

« — Alors, bas les armes! continua le brigadier.

« — Qu'à cela ne tienne, voilà.

« Et il jeta son fusil à dix pas en arrière de nous.

« — Fais-en autant, murmura-t-il d'une voix impérieuse.

« Dame! je l'avais vu à l'œuvre si gentiment le jour de l'ours, que je me confiai à lui et jetai pareillement mon fusil à côté du sien.

« — Maintenant, avancez à l'ordre, continuèrent les douaniers, et amarrez ce que vous avez.

« — Oh! pas grand'chose, répondit M. Octave, en prenant son ballot et le mien et se dirigeant vers les douaniers qui nous tenaient couchés en joue : voilà.

« Je l'avais suivi.

« — Derrière moi, me glissa-t-il tout bas, derrière moi!

« En nous voyant au milieu d'eux, les douaniers abaissèrent leurs armes et se contentèrent de saisir nos ballots :

« — Allons, les amis, dit le brigadier en faisant

sonner complaisamment la crosse de son fusil, sui-
vez-nous de bonne grâce.

« — Et nos fusils? dit le Parisien, est-ce que vous
les laissez là-bas?

« — C'est juste, répondit le brigadier, je vais les
prendre, moi.

« Le cercle qui s'était formé autour de nous s'ouvrit pour laisser passer le brigadier, et, comme nous
avions pris une pose inoffensive, il ne se referma
pas.

« Mais à peine le brigadier avait-il fait deux pas
dans la direction des armes que nous venions de
jeter que, plus prompt que la foudre, le Parisien
s'était élancé sur lui, et, l'ayant terrassé, lui appuyait son poignard sur la gorge.

« Aussitôt, un moment étourdis, les autres *ga-
belous* voulurent se précipiter, mais le Parisien leur
dit tranquillement :

« — Un seul pas, et je le tue!

« — Feu! hurla l'un d'eux en saisissant son fusil
par la poignée...

« Mais il paraît que la pointe du stylet entra d'une ligne dans la chair du brigadier, car il s'écria d'une voie étouffée :

« — Ne tirez pas, ne tirez pas!

« — Au large! me cria en même temps le Parisien, au large!

« Je compris le plan, et en deux sauts je me trouvai près de lui.

« — Mes bons amis, dit alors M. Octave, si vous voulez avoir votre brigadier intact, vous allez nous laisser avec nos ballots.

— « Bah! ricana l'un d'eux.

« Le terrible stylet entra d'une ligne encore, et le brigadier hurla d'une voix râleuse :

« — Laissez-les aller... laissez-les aller...

« — Et notre devoir? fit un récalcitrant qui n'avait pas les mêmes raisons que le brigadier pour être indulgent.

« — Je suis votre chef et je vous l'ordonne! s'écria le brigadier... je prends la responsabilité... laissez-les partir...

« — Comme vous voudrez, dirent les douaniers.

« — Bien, fit le Parisien. Maintenant, continua-t-il en s'adressant à moi, va prendre nos fusils et file au plus vite.

« — Et vous? m'écriai-je.

« — Moi? me dit-il, tu vas voir.

« Il prit le brigadier à bras-le-corps, lui tenant toujours le poignard sur la gorge, s'en fit un plastron, et dit aux douaniers :

« — Maintenant, bonsoir, nous emmenons votre brigadier ou plutôt je l'emporte. Si vous faites un pas pour nous suivre, je le tue net et roide.

« Mais ce sang-froid commençait à exaspérer les douaniers.

« — Feu! feu! cria de nouveau l'un d'eux.

« — Comme vous voudrez, répondit le Parisien, c'est lui que vous tuerez et non moi.

« — Ne tirez pas! ne tirez pas! cria le brigadier d'une voix étranglée, mais vous, laissez-moi. Je ne vous suivrai...

« — Non, fit le Parisien, je ne te laisserai que

lorsque nous serons à une bonne lieue de tes soldats et en bonne terre française.

« Il fallut en passer par là ; les douaniers s'assirent paisiblement en rond, et nous partîmes, moi portant les armes et les ballots, le Parisien marchant à reculons, son poignard sur la gorge du brigadier.

« Quand nous fûmes hors de la portée de leurs balles, nous poussâmes le douanier devant nous, et au coin d'un bois qui nous masqua tout à coup, nous nous mîmes à courir, activant à coups de crosse la marche de notre prisonnier.

« Au bout de deux heures, nous étions en France ; alors nous attachâmes le pauvre douanier à un arbre, laissant près de lui une gourde de genièvre et un morceau de pain, et nous allâmes attendre le jour dans un bois.

« Au jour, nous descendîmes au village des *Échelles*, où nous attendîmes la diligence de Grenoble à Chambéry. M. Octave ajouta à ses nom et prénoms qui étaient sur son passe-port les mots : *et son domestique*; et le lendemain, nous étions de retour ici. Seulement, j'ai renoncé à la contrebande pour le reste de ma vie, et M. Octave, qui est demeuré huit jours encore avec nous, s'est contenté de tuer un autre ours, deux chamois et quelques perdrix blanches.

« — Ah çà, dit M. Loisery, quand Jacques eut terminé, c'était donc un démon, que ce jeune homme?

« — Un démon? fit la femme du chasseur, qui avait écouté sans souffler mot, ah ben oui! par exemple; il était trop beau garçon pour ressembler au diable! et des mains fines, avec ça. . Il a laissé un gant ici, que je ne pourrions pas mettre, quoique je soyons une femme, et une chemise qu'on n'en trouve pas souvent de pareilles!

« — J'aurais bien voulu voir ce gant et cette chemise, dis-je à mi-voix.

« La paysanne se leva, ouvrit un bahut et étala devant moi une magnifique toile comme en portent seuls les lions de notre boulevard de Gand ; puis elle me mit dans la main un gant jaune encore parfumé et portant la marque d'un magasin de la rue Vivienne.

« J'ai honte de te l'avouer, ma bonne Fanny.

Mais l'histoire de cet homme élégant qui quitte un jour le boulevard Italien et son tilbury pour venir lutter corps à corps avec des ours et des douaniers produit sur mon esprit un effet inconcevable. Tu te souviens que lorsque nous étions au couvent, nous rêvions parfois d'amour... Si j'allais aimer cet homme! Bon, voilà que je deviens folle! Comme si l'on pouvait aimer un homme qu'on n'a jamais vu.

« Mon oncle est de retour, il est nuit close, je ferme ma lettre en t'embrassant, et je vais me coucher sur mon lit improvisé, afin de m'éveiller de bonne heure, et arriver sans trop de lassitude au mont Cenis.

« Adieu. »

IV

Après avoir fait parler tout le monde, il est fort juste que nous placions un mot à notre tour dans cette histoire :

Mademoiselle Laure de V*** ne dormit pas, rêva du Parisien tout éveillée, et se trouva, au point du jour, prise d'une migraine qui força son oncle de remettre au lendemain l'ascension de l'ermitage.

Elle passa la journée à questionner la femme du guide sur M. Octave, et écrivit le soir à son amie

Fanny Rosal, qui habitait Morlaix, une nouvelle lettre pleine de divagations, et dans laquelle nous n'avons trouvé que ces trois phrases qui aient réellement un sens.

V

« . . . . Enfin, ma chère Fanny, faut-il te l'a-
vouer, cet homme que je n'ai jamais vu, dont
j'ignore le nom, je l'aime à en devenir folle.

« Je ne sais où il est, ni qui il est, mais quelque
chose me dit que si je le voyais, je le reconnaîtrais ;
j'irais à lui et je lui dirais : C'est vous !

« D'ailleurs il est sans doute retourné à Paris, il
va dans le monde ; j'irai aussi, et l'hiver prochain,
sans nul doute, je le trouverai dans quelque salon.

21.

« Alors tu comprends que, puisqu'on dit que je
suis jolie et que je serai riche, il me fera la cour, il
m'aimera, me demandera en mariage ; et comme il
doit être, lui aussi, noble, riche, beau, maman et
mon oncle lui accorderont ma main ; alors je lui
dirai en lui racontant ce que je viens d'entendre ici :
Je vous connais depuis longtemps, et depuis longtemps je vous aime. »

VI

Le lendemain, la migraine étant calmée, M. de Loisery conduisit sa nièce à l'ermitage du mont Cenis. Ils furent de retour le soir à la chaumière, et firent leurs préparatifs de départ pour le jour suivant.

Mademoiselle de V*** choisit un moment où elle était seule avec la femme de Jacques, et, lui mettant sa bourse dans la main :

— Voulez-vous me céder cette chemise et ce gant que vous avez? dit-elle.

— Dame! répondit la paysanne, je voulons bien. Si le Parisien revient, je lui conterai l'affaire, et voilà!

Elle remit le gant et la chemise à Laure, qui glissa l'une au fond de son nécessaire de voyage, et cacha l'autre dans son sein, entre son corset et sa jolie gorge.

Six semaines après, la jeune fille était de retour à Paris.

Elle passa l'été et l'automne à chercher son bel inconnu; quand l'hiver arriva, elle ne l'avait point encore rencontré, et comme l'amour naît, au dire des poëtes, des difficultés qu'il trouve sur sa route, le sien augmenta de jour en jour, si bien qu'elle en perdit le sommeil, l'appétit et ces belles couleurs incarnat qui lui donnaient un air de famille avec les roses du Bengale.

VII

LAURE A FANNY

« Paris, 5 janvier 1846.

« A toi, ma bonne amie, la confidence de mes joies comme celle de mes douleurs.

« Tu sais combien j'ai souffert depuis neuf mois que ce malheureux amour me brûle le cœur, et combien de fois le découragement est entré dans ma pauvre âme.

« Voici qu'un rayon d'espoir vient illuminer enfin l'incertitude cruelle qui m'a coûté tant de larmes.

« Ma mère m'a prise à part hier et m'a fait un long discours, dans lequel je n'ai compris qu'une seule chose, c'est qu'on va me marier, et que celui qui demande ma main s'appelle Octave de Montalier.

« Octave ! son nom ! si c'était lui !

« Je n'ai jamais vu mon prétendu, il est de retour depuis deux jours seulement d'une terre qu'il possède dans le Berry ; mais, au portrait qu'on m'en a fait, il m'a semblé le reconnaître. Je dois le voir ce soir même.

« Oh ! mon cœur brise ma poitrine... Si c'est lui, — et je le saurai rien qu'en le voyant, — je suis la plus heureuse des femmes ! »

VIII

« 5 janvier 1846.

« Déception !

« Ce n'est pas lui ! je n'ai pas même voulu lui demander s'il avait jamais gravi le mont Cenis; car,
rien qu'à le voir, il m'a paru incapable des grandes
choses que l'autre a faites. Figure-toi un jeune fat
aux cheveux frisés, au lorgnon d'écaille, sot et vain
comme les hommes de notre époque, jargonnant
l'argot du Jockey-Club, et mangeant comme un ogre,

car il a dîné ici. Quand je pense qu'il porte un nom aussi noble, aussi beau que celui d'Octave, j'en rougis de honte.

« Moi, épouser un pareil homme?. . jamais!... »

IX

« Ma chère Fanny,

« Quand ma lettre te parviendra au milieu des
landes de ta paisible Bretagne, ta pauvre Laure aura
cessé d'exister.

« Le lendemain de ma première entrevue avec
M. Octave de Montalier, j'allai me jeter aux genoux
de ma mère et la supplier de ne pas donner suite à
ses projets d'alliance pour moi : mais elle me traita

22

de petite folle, ajoutant que c'était un mariage superbe. Ne pouvant fléchir ma mère, je me réfugiai dans les bras de mon oncle; mais, comme elle, M. de Loisery se prit à rire, en me disant que j'étais bien difficile. Prières, supplications, refus, tout a été inutile; et c'est demain le jour fatal !

« Pauvre Octave ! pauvre ange de mes rêves! faut-il donc mourir sans t'avoir rencontré? sans avoir pu te voir et te dire : Octave... je t'aime!...

« . . . . Je brûlerai ce soir cette chemise et ce gant chéri, que je porte sur mon cœur depuis si longtemps... Un réchaud de charbon fera le reste.

« Adieu...

« LAURE DE V***. »

X

Le soir venu, Laure se retira de bonne heure dans sa chambre, s'enferma à double tour, tira de son armoire à glace la précieuse chemise, de son sein le pauvre gant glacé, et alluma un brasier.

Elle baisa longtemps, longtemps ces chers objets, tout ce qu'elle avait possédé de lui, puis elle les laissa tomber sur la flamme bleuâtre.

Alors elle suivit d'un œil atone les progrès du

feu, et attendit que la dernière parcelle fût con-
sumée.

— À mon tour, dit-elle.

Elle se coucha sur son lit, fit un signe de croix et
s'endormit... jusqu'au lendemain.

Car le lendemain, croyant s'éveiller dans l'autre
monde, elle se trouva parfaitement en vie, et s'aperçut qu'elle avait oublié de fermer sa fenêtre... et le
brasier était éteint depuis longtemps.

Peu après sa mère gratta à la porte, et vint lui
annoncer qu'il était temps de faire sa toilette.

L'obéissance était un des devoirs d'une jeune fille
bien élevée. Laure s'habilla. Durant la matinée, elle
ne put être seule, et le soir, elle épousa M. le vicomte Octave de Montalier.

XI

FANNY A MADAME DE MONTALIER

« Morlaix, 15 avril.

« Il faut avouer, ma bonne Laure, que tu es une véritable petite folle, et que tu m'as causé une frayeur bien vive.

« Lorsque je reçus ta lettre si pleine de désespoir, dans laquelle tu m'annonçais ta fatale résolution, je faillis en perdre la tête...

« Que faire? Morlaix est à cent lieues de Paris ; — alors même que je fusse partie sur l'heure, je serais

22.

bien certainement arrivée trop tard... Je lus ta lettre à ma bonne mère, nous nous mîmes à genoux, et
nous passâmes la nuit à prier pour toi.

« Le lendemain, j'écrivais à ma tante Bescheran,
qui habite Paris, lui demandant, courrier par courrier, de tes nouvelles. Cinq jours après, ma tante
me répondit que tu venais de partir pour le Berry,
avec ton mari, le vicomte de Montalier.

« Le courage t'avait donc manqué?

« Est-tu heureuse? »

XII

LAURE A FANNY

« Heureuse ! pauvre Fanny, si tu me voyais, mon visage fané, mes yeux éteints te diraient bien mieux que ma bouche, que le bonheur n'est pas pour moi.

« Heureuse ! je pourrais l'être, cependant. Jeune, riche, entourée... mon mari est bon pour moi, il s'est fait l'esclave de mes moindres désirs, il satisfait mes p'us légers caprices... Si je n'aimais Octave, je l'aimerais peut-être...

« . . . . . Chaque jour je me lève plus faible et plus brisée; chaque soir il me semble que je m'endors pour toujours...

« Tu ne saurais te figurer combien l'approche de la mort fait regretter la vie... combien on se prend à aimer les choses qui vous semblaient indifférentes. — Il y a un an à peine, je sautillais, joyeuse et insouciante, au sommet des Alpes, respirant une brise embaumée, assistant à de splendides couchers de soleil, cueillant les plus belles feuilles de la création, et tout cela avec une certaine lassitude, comme sans y prendre garde.

« Maintenant, haletante et sans force, je fais quelques pas chaque soir dans le jardin entre deux plates-bandes d'œillets et de dahlias. — Eh bien! le moindre souffle qui passe dans mes cheveux me cause une jouissance infinie; ces pauvres fleurs étiolées aux âpres baisers de nos climats du Nord, je les regarde avec amour... et je vais m'asseoir sur la terrasse pour voir le soleil s'éteindre derrière les grands arbres, comme je m'éteindrai bientôt, moi aussi... et pour ne pas renaître à l'aurore suivante...

« Oh ! je commence à sentir que la mort est amère alors que, comme moi, on a à peine vingt ans, alors qu'on aurait pu couler encore de longues et bonnes journées, pleines de soleil, d'amour et d'espérance.

« Adieu, bonne amie ; je t'écrirai tant que mes forces me le permettront... Le jour où tu ne recevras plus de lettres, prie pour moi ! »

XIII

LAURE A FANNY

« 25 avril.

« Mon mari, mon oncle et ma mère ont fini par s'alarmer sérieusement de mon état ; Octave a proposé de m'envoyer dans sa terre du Berry, et j'y ai consenti. Autant mourir là qu'ailleurs.

« La Bretagne est peu distante du Berry, accours vite, ta présence me fera vivre plus longtemps peut-être.

XIV

M. de Montalier avait, à quelques lieues de Bour-
ges, une vieille terre seigneuriale, patrimoine de ses
ancêtres.

Un château, style renaissance, s'élevait au milieu
d'un bouquet de marronniers et dominait un parc de
quatre lieues d'étendue. Ce parc était une admirable
solitude, une retraite délicieuse où l'on trouvait tout
ce qui fait la vie des champs douce et bonne : eau vive,
grands arbres touffus, pelouses pailletées de blanches

marguerites, fossés bordés de liserons bleus, buissons fleuris où piaulaient des centaines de gais moineaux, bruyères où se cachaient le râle de caille et le
lapin; grotte de feuillage où le jour arrivait à peine,
petits coteaux du haut desquels on pouvait chaque
soir voir le soleil s'effacer sous l'étreinte des brumes
de l'horizon.

Or, dans ce parc, quinze jours après, vous auriez
pu voir deux jeunes femmes se tenant par la main,
assises sur un petit tertre gazonneux, d'où l'œil embrassait un ravissant panorama.

Dans l'une, pâle et blanche, à l'œil fiévreux, aux
longues mains amaigries, vous auriez reconnu notre
vive et enthousiaste touriste des Alpes; dans l'autre,
fraîche, brune aux yeux bleus, au teint fleuri, à la
lèvre un peu sérieuse, vous auriez deviné cette bonne
Fanny Rosal, l'unique confidente du mal qui tuait
son amie.

— Écoute, disait Laure, j'ai une singulière fantaisie; promets-moi d'être indulgente.

Fanny ne répondit pas, mais elle jeta à son amie
un tendre regard qui voulait dire : parle, je t'écoute.

— Vois-tu, continua Laure, le caprice d'une mourante c'est chose qu'on ne discute pas ; et moi je me meurs... je voudrais aller en Savoie...

Fanny fit un mouvement :

— Y songes-tu ? dit-elle, faible et souffrante comme tu es, un pareil voyage !

— J'aurais assez de force pour arriver... il me semble qu'en approchant des lieux où il a vécu, où je l'ai aimé, mon courage renaîtra... je voudrais m'éteindre doucement, sans secousse, là où il a triomphé de la mort... Ne me contrarie pas, ma bonne Fanny, mais prie au contraire M. de Montalier de me conduire au mont Cenis ; car, vois-tu, moi, je n'ose le lui demander... il me semble que c'est le trahir, de vouloir mourir là où j'en ai aimé un autre...

Une petite toux sèche comme celle des poitrinaires suivit ces paroles entrecoupées par l'oppression.

Fanny essuya une larme qui roulait dans ses grands yeux bleus, puis elle se leva, donna son bras à la jeune malade et reprit avec elle le chemin du château.

Le vicomte était allé visiter ses métairies; quand il revint, Fanny le prit à part et lui dit :

— Votre femme est plus sérieusement malade que vous ne le pensez; la moindre contrariété la tuerait. Elle veut aller en Savoie, emmenez la ou elle en mourra.

M. de Montalier répondit : Nous partirons demain.

Le jour même, Fanny écrivit à sa mère :

« Je pars avec ma pauvre Laure; la malheureuse enfant est bien mal, et je crains fort que nous ne revenions sans elle. Elle m'a suppliée de l'accompagner; tu sens, ma bonne mère, que je n'ai pu lui refuser. Songe à moi durant mon absence et prie chaque jour pour cette chère amie, qui s'éteint victime d'une passion que Dieu seul peut guérir.

« FANNY ROSAL. »

XV

Par une de ces splendides matinées de printemps, opulentes de lumière, de brises et de verdure, et dont nos vallées des Alpes semblent garder le secret pour elles seules, trois voyageurs gravissaient à dos de mulet, l'ardu sentier qui conduit du village d'Aoste au mont Cenis.

Vous avez reconnu M. de Montalier, Laure et Fanny.

Le vicomte marchait en tête et paraissait absorbé

dans une profonde rêverie; Fanny venait ensuite, puis Laure, qui respirait de toute la force de ses poumons oppressés cet air vivifiant et salubre.

Ces lieux qu'elle revoyait enfin lui rappelaient, avec toute la fraîcheur du souvenir de ses dix-huit années, ses belles émotions de ce premier amour né sur la crête de ces montagnes, et dont elle avait emporté l'incurable germe...

A mesure qu'elle approchait du torrent fougueux, au-dessus duquel le héros de ses rêves s'était balancé un moment en tenant un ours dans ses bras, elle sentait son pauvre cœur battre avec violence...

Enfin le sentier fit un coude, et nos trois voyageurs se trouvèrent en présence du pont de bois et purent apercevoir, à quelques toises plus bas, le tronc de sapin hardiment jeté sur l'abîme.

Soit que le fracas du torrent agît sur eux, soit qu'ils eussent l'habitude de faire halte en cet endroit, les mulets s'arrêtèrent tous trois.

Alors Fanny se retourna vers Laure....

Laure contemplait d'un œil avide le sapin et le gouffre. Un vif incarnat colorait ses joues pâlies depuis si longtemps, la fièvre étincelait dans son regard.

— C'est là! murmurait-elle tout bas en étendant la main.

Peut-être qu'à cette heure une de ces pensées de suicide, que la vue fascinatrice des abîmes fait naître, traversait son cerveau, car elle se laissait glisser doucement de sa monture sur le chemin, lorsque le vicomte, se tournant brusquement vers les deux femmes, leur dit, en désignant du doigt le tronc de sapin :

— Voyez-vous ce pont aérien? eh bien! là, au milieu, penché sur ce gouffre, j'ai poignardé un ours qui m'étouffait...

Un cri sourd interrompit M. de Montalier.

Laure venait de tomber sans force sur l'étroite bande de gazon qui bordait le sentier, en murmurant :

— C'était donc lui !

La jeune femme s'évanouit; la fraîcheur de l'air et quelques gouttes d'eau que son mari lui jeta au visage la ranimèrent... Quand elle revint à elle, elle aperçut le visage inquiet du *Parisien* penché sur elle à côté de celui de Fanny, dont l'œil étincelait de bonheur.

Laure contempla un instant son mari, comme les anges doivent contempler la face rayonnante de Jéhova, puis elle l'enlaça de ses bras et s'écria d'une voix fébrile et enthousiaste :

— Oh! mon Dieu! mon Dieu! je ne veux pas mourir à présent... Je ne veux pas mourir!

. . . .

Elle n'est point morte, en effet ; car c'est d'elle que je tiens cette histoire.

FIN

TABLE

PARIS. — IMP. SIMON RAÇON ET COMP., RUE D'ERFURTH, 1.

COLLECTION AMYOT

Format in-12, à 3 fr. 50 c. le Volume

VII-62.

PARIS. — IMP. SIMON RAÇON ET COMP. RUE D'ERFURTH 1

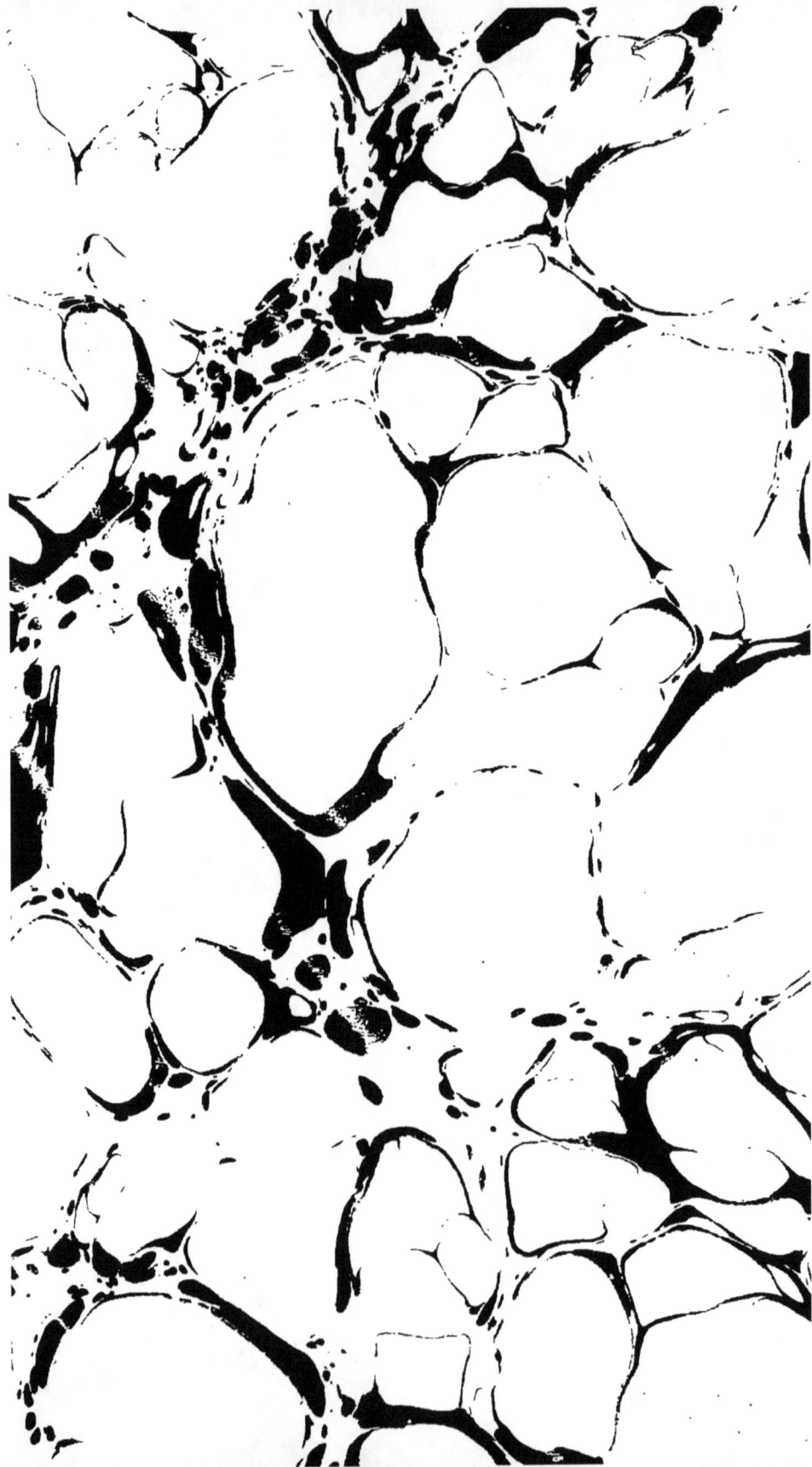

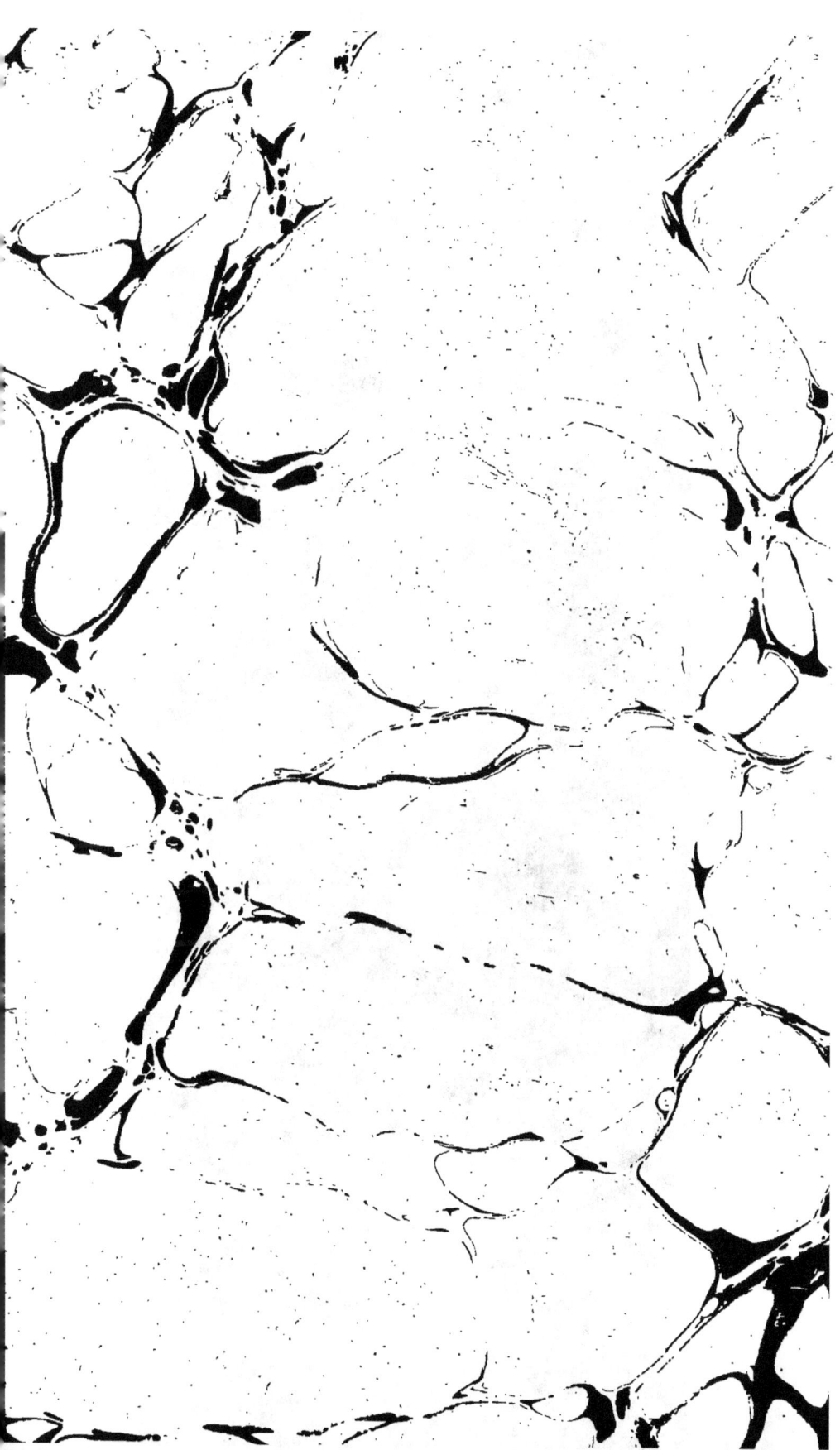

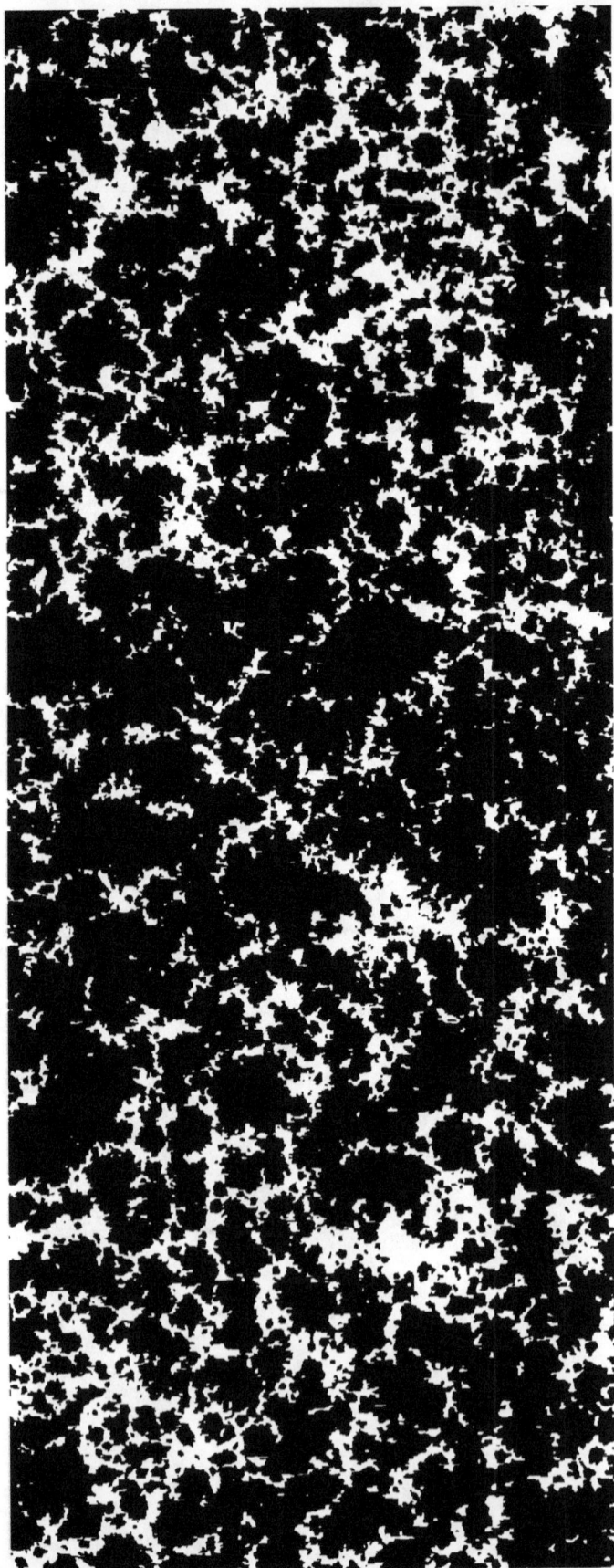